生姜采后贮藏保鲜与加工技术研究

张美霞　游玉明　著

吉林大学出版社

图书在版编目（CIP）数据

生姜采后贮藏保鲜与加工技术研究 / 张美霞，游玉明著. —长春 : 吉林大学出版社，2018.8
ISBN 978-7-5692-3240-0

Ⅰ. ①生… Ⅱ. ①张… ②游… Ⅲ. ①姜—贮藏—研究②姜—蔬菜加工—研究 Ⅳ. ①S632.5

中国版本图书馆 CIP 数据核字（2018）第 218544 号

书　　名：生姜采后贮藏保鲜与加工技术研究
SHENGJIANG CAI HOU ZHUCANG BAOXIAN YU JIAGONG JISHU YANJIU

作　　者：张美霞　游玉明　著
策划编辑：邵宇彤
责任编辑：曲　楠
责任校对：王　超
装帧设计：优盛文化
出版发行：吉林大学出版社
社　　址：长春市人民大街 4059 号
邮政编码：130021
发行电话：0431-89580028/29/21
网　　址：http://www.jlup.com.cn
电子邮箱：jdcbs@jlu.edu.cn
印　　刷：定州启航印刷有限公司
开　　本：710mm × 1000mm　1/16
印　　张：12.25
字　　数：202 千字
版　　次：2019 年 3 月第 1 版
印　　次：2019 年 3 月第 1 次
书　　号：ISBN 978-7-5692-3240-0
定　　价：48.00 元

引　言

生姜又名姜、黄姜，是一种集药用、调味为一体的绿色植物，生姜既是一种重要的调味蔬菜，也是一种重要的经济作物。在计划经济时期，由于受“就地生产，就近供应”产销方式的限制，产品流通渠道不够畅通，因而种植面积较小，生产发展缓慢。自从改革开放以来，随着种植业结构的调整和高产、高效农业的发展，为生姜生产带来了良好的机遇，种植面积迅速扩大。同时，随着科技成果的推广和普及，单位面积产量不断提高，经济效益显著。因此，生姜生产已经成为种植业中商品率高、见效快、经济效益好的一个优势行业，也已成为农民致富的重要途径之一。

生姜适应性强，抗虫害，产量高，成本低，经济效益好。在西南地区一般每亩可产鲜姜 5 000kg 以上。生姜对气候、土壤等环境条件适应性较强，田间管理用工较少，与种植黄瓜、番茄等蔬菜相比，不需支架、绑蔓，也不需陆续采收，病虫害较少，田间管理简便。

生姜营养丰富，产品中含有丰富的糖类、蛋白质、脂肪、纤维素、多种维生素和无机盐，还含有姜辣素、姜油酮、姜烯酚和姜醇等特殊成分，使生姜具有特殊的辛香味。据中国医学科学院卫生研究所编著的食物成分表所示，每 500g 鲜姜含糖类 40g、脂肪 3.5g、蛋白质 7g、纤维素 5g、胡萝卜素 0.9mg、维生素 C20mg、硫胺素 0.05mg、核黄素 0.2mg、烟酸 2mg、钙 100mg、磷 225mg、铁 35mg。这些都是维持人的身体健康不可缺少的养分。但是，不同生姜品种、不同器官和部位的营养成分是不相同的。

生姜用途很广，它是一种集调味品、食品加工原料和药用为一体的多用途蔬菜。由于它具有芳香的辛辣风味，有除腥、去臊、去臭的作用，因而是广大群众喜爱的调味佐料。姜亦可加工制成姜干、姜粉、姜汁、姜油、姜酒、糖姜片、酱渍姜等多种食品。此外，姜还能入药，俗语说：“冬吃萝卜夏吃姜，不劳医生开药方。”中医把姜、葱、蒜、薤、韭称为“五辛”。据药书记载，姜性温，味辛，能入胃、脾、肺三经，有解毒、散寒、温胃、发汗、止呕、祛风等功效。因此，姜是医药上良好的健胃、祛寒和发汗剂。

随着经济社会的发展、人们生活水平和生活质量的不断提高，对生姜需求量逐年增加，必将带来巨大的市场机遇。此外，姜作为调味剂、添加剂，在食品生产行业及添加剂生产行业也具有广阔的市场前景。在国际上，西方发达国家及日本、韩国的生姜种植面积逐年减少，但对生姜需求越来越旺盛，其药食兼用的特性已得到人们的广泛认可，目前年需求量在 4 000 万吨以上，且每年以 20% 以上的速度增长。但由于生产技术及产业调整等原因，目前年生产产量在 2 500~2 800 万吨，市场需求缺口很大。

2016 年上半年，重庆市生姜价格一直居高不下，涨幅在全国各省市中列居前位，较去年同期上涨 2~3 倍，部分地区的生姜价格甚至突破 20 元 / 千克。分析原因主要有四：一是本地生姜集中上市期尚早。重庆市生姜一般在每年 3—5 月下种，9—10 月才大量上市，其中，荣昌县因独特的种植模式，播种、上市期较其他地区早，上市高峰可提早到 6—7 月，但今年前期持续的连阴雨，使生姜长势缓慢，甚至有部分姜种腐烂被毁，部分地区不得不二次补种，导致上市期向后推迟，6 月上市量也相应减少，全市当月本地生姜总产量仅 1 500 t，比去年同期减少了 34.78%，远不能满足市场需求。二是主导重庆市场的外地生姜供应力降低。重庆市场上，4—5 月开始销售的生姜多来自山东、云南、四川等外省，但受前两年生姜价格的低位徘徊、2013 年山东春季低温连阴雨、夏季干旱和 12 月云南几场冰雪冻灾等气候灾害造成的减产，以及“毒生姜”事件影响，农户种植积极性受严重打击，许多姜农弃种，多个生姜主产区大幅度减产，市场出现了严重供应不足。三是生姜在市场上的可替代性不强。无论对普通家庭还是餐馆来说，主要作为调味品的生姜都是必不可少的，无法类同于其他蔬菜可做季节性选择和替换，因而销量也比较稳定，当市场出现供应不足时，必然会反映在价格的上涨上。四是农产品信息保障机制不够健全。目前各地农产品生产环节依旧缺乏良好的调控，信息不对称极为明显。农民种植生产盲目性、随意性较大，造成农产品结构性短缺或者过量，从而引发价格失衡。

下半年，前期因天气转热，生姜需求量会有所增加，而产量还未完全跟上，市场供需矛盾还将导致生姜价格维持在较高水平，直至 9、10 月本地新鲜生姜大量上市后，价格才有望回落。

因此生姜采后的生理特性，贮藏保鲜方法和加工方法的研究有利于：（1）经济效益的提升：集成鲜姜贮藏保鲜技术，避免鲜姜腐败变质，延长货架期，可使鲜姜腐烂、霉变损失减少10%；另外保鲜技术的推广和应用可有效地调节鲜姜生产淡旺季的供应需求，常年供应鲜姜，有效避免生产旺季生姜扎堆上市，降低销售价格，可以提高当地农民收入，经济效益显著。（2）社会效益的提升：鲜姜贮藏保鲜技术的研究与应用，解决了因为鲜姜不耐贮藏而使生姜种植推广受到限制的问题，可促进重庆市生姜种植产业可持续健康发展，社会效益显著。（3）生态效益：随着鲜姜贮藏保鲜关键技术的研究和应用，可解决因为鲜姜在采收季节因为腐败和霉变被大量丢弃而污染环境的问题；另外鲜姜系列深加工产品的开发可使鲜姜加工真正实现清洁生产，绿色环保，生态效益显著。因此特意将编者这么多年对于生姜采后贮藏保鲜技术和加工技术的研究成果集中编著此书，希望对于重庆市特色调味品生姜的种植和推广有一定的作用，提升种植者对生姜特性和采后处理和加工方法的理解，减少不必要的经济损失，增加农民收入。

前　言

生姜是我国一种重要调味蔬菜，也是一种重要的经济作物。生姜采后的生理特性、贮藏保鲜方法和加工方法的研究可有效地调节鲜姜生产淡旺季的供应需求，常年供应鲜姜，有效避免生产旺季生姜扎堆上市，降低销售价格，有利于促进重庆市生姜种植产业可持续健康发展；同时，随着鲜姜贮藏保鲜关键技术的研究和应用，可解决鲜姜在采收季节因为腐败和霉变被大量丢弃而污染环境的问题，另外鲜姜系列深加工产品的开发可使鲜姜加工真正实现清洁生产，绿色环保，生态效益显著。因此特意将编者这么多年对于生姜采后贮藏保鲜技术和加工技术的研究成果集中编著此书，希望对于重庆市特色调味品生姜的种植和推广有一定的作用，提升种植者对生姜特性、采后处理和加工方法的理解，减少不必要的经济损失，增加收入。

本书主体框架和主要内容由重庆文理学院张美霞编著完成，其中第一部分第四和第五点的研究内容由重庆文理学院游玉明编著；本书在编著过程中得到吴忠军、姜玉松和黄威等老师的指导和帮助。另外本书的完成也得到了叶桂林、乔淑芳、李原凤、吴凡、张贵梅、张戏婷、张兴、李昊源、肖鸿、王冬梅等人的帮助，在此一并表示衷心的感谢。

本书相关的研究内容正常开展得到重庆市科委（项目编号：cstc2016shmszx80066），潼南县科技局（TK-2015-1）的资金赞助，在此表示衷心的感谢。

由于编者水平所限，书中不当之处恳请读者不吝赐教，以便改进。

编者

2018.06

目录

第一部分　生姜采后生理及贮藏保鲜方法研究

第二部分 生姜加工方法研究

第三部分 现代生物工程技术在生姜贮藏保鲜中的应用

第一部分

生姜采后生理及贮藏保鲜方法研究

第一章　不同贮藏方法对仔姜保鲜效果的影响

姜的成熟根状茎常称为生姜，表皮为木栓化组织，内部纤维素含量相对较多，水分含量常在85%左右；未成熟的茎块称作仔姜，其外皮幼嫩，纤维含量低，水分含量常为93%以上。仔姜中香气物质相比于其他生长时期的姜更丰富，故其辛辣水平低于生姜的辛辣水平，仔姜的品质细嫩，含水率高，纤维较少，可作为腌渍或糖渍的主要原材料，亦可用于煮食，是消费者长期必点的食材。但仔姜不耐贮藏，在正常保存条件下短时间内会损失大量内含水，使仔姜成色不佳，同时更易受到病原微生物的侵害，使食用品质降低。基于这种特点，仔姜生产售卖季节性强，进行销售食用的季节较短，不能够做到长期稳定供应，这显然无法满足消费者的需求，也变相降低了仔姜带来的经济效益。

目前关于仔姜采后贮藏保鲜方面的研究并不多见，关于鲜姜及老姜进行长期储存和保护的方法探索较为深入，其保鲜技术已较成熟。我国的生姜贮藏目前仍然主要采用传统的窖藏（又有堆藏、沙藏）、坑藏、井窖贮藏、浇水贮藏这四种方法，这些方法对温度和相对湿度的要求较高，温度要求在10~15℃之间，相对湿度控制在85%~95%之间保鲜效果最佳。除了传统的贮藏方法，还有丁君等的没食子酸丙酯（抗氧化剂）保鲜技术，杨烨等的速冻保鲜技术，申恩情等的微型节能冷库(简称微型库)藏法和自行设计的箱藏法，年彬彬等的O_2/CO_2气调法、李婷婷的高压脉冲电场处理法、王守经等的$^{60}Co\ \gamma$辐射源辐照法。这些方法除了传统贮藏和保鲜剂保鲜，其他方法成本相对较高，普及性较差。因此研究一种成本不高、有较好普及性的贮藏方法已然迫在眉睫。

本实验选取的三种方法操作简单、成本较低、适用性广，具有较好的市场发展前景。河沙具有良好的透气性和吸水性，在贮藏一些作物时，既能维持姜所处的环境温度和湿度，又有能保证足够的透气空间，还能提升姜块的颜色亮度，使姜能最大化发挥商业价值。抗菌袋利用“线性低密度”原料，所采用的制作材料分子小，袋体透气性优良，隔离外界菌体的同时也保证了果蔬的新鲜度。脱氢醋酸钠是一种常见的食品防腐保鲜剂，可以抑制多种霉菌的生长。其防腐的原理是进入细胞内部，降低微生物呼吸效率，减少对食品的有机物消耗，达到保湿保鲜的目的。侯立娟等的研究表明，0.04% 的脱氢醋酸钠能降低草菇的呼吸强度，减少褐变，降低质量损失率，改善草菇外观和品质。

1. 材料与方法

1.1 材料与试剂

1.1.1 原材料

新鲜仔姜，产自重庆永川。采收后立即运回实验室，进行清洗及分级，选择色泽均匀、大小相似、无机械损伤的生姜作为实验材料。

1.1.2 其他材料和试剂

河沙（洗净、烘干，过 20 目筛）、抗菌袋、脱氢醋酸钠（分析纯）、2，6－二氯酚靛酚（分析纯）、95% 乙醇、香草醛（分析纯）。

1.2 仪器与设备

DGG-9246A 电热恒温鼓风干燥箱，上海齐欣科学仪器有限公司；TA-XT Plus 物性测试仪，Stable Micro System 公司（英国）；CM-5 色差仪，日本柯尼卡美能达公司；超声波清洗机，宁波新芝生物科技股份有限公司；GM-0.5A 隔膜真空泵，上海圣科仪器设备有限公司；RRH-250 型高速多功能粉碎机，上海缘沃工贸有限公司；飞利浦搅拌机，珠海经济特区飞利浦家庭电器有限公司；AR2140 电子天平，奥豪斯国际贸易（上海）有限公司。

1.3 实验设计

本实验设置对照、沙藏、抗菌袋、脱氢醋酸钠与抗菌袋协同处理四组实验，每组实验材料分成 8 份，每份 200g（±10g）。对照组，对实验材料不做任何处理；沙藏实验组，用水分含量为 20% 左右的湿沙铺一层沙底，放置一层仔姜，一层湿沙一层仔姜，最后再覆盖一层湿沙覆顶；抗菌袋贮藏实验组，将未经处理的仔姜分别装入抗菌袋中，封口贮藏；抗菌袋与脱氢醋酸钠协同处理实验组，将仔姜放入 0.04% 的脱氢醋酸钠溶液中浸泡 1h 后自然晾干，再将其分别放入抗菌袋中，封口贮藏。四组实验材料放置在同一间实验室（本次实验在秋冬时期，平均环境温度约为 10~15℃，符合贮藏的参考温度），贮藏期间，以 7d 为一周期，测试每实验组的各项指标，当仔姜出现腐烂现象或有异味产生，终止贮藏实验，此时间为仔姜的贮藏保鲜期。

1.4 指标测定

1.4.1 水分含量测定

直接干燥法。

结果计算：

$$X=\frac{m_1-m_2}{m_1-m_0}\times 100\%$$

式中：X——水分含量，%；

m_1——称量瓶和实验材料的质量，g；

m_2——恒重后称量瓶和实验材料的质量，g；

m_0——称量瓶的质量，g。

1.4.2 硬度测定

使用 TA-XT Plus 物性测试仪，参考 Wang C 的方法，探头选 P/2，设定的参数：预压速度 2.0mm/s、下压速度 0.5mm/s 和压后上行速度 0.5mm/s，触发点负载为 6.8g，探头测试距离 4.0mm。

1.4.3 色差测定

使用 CM-5 色差仪，测定仔姜的 L^*，a^*，b^* 值，L^* 值表示明亮度，a^*，b^* 分别表示赤色度和黄色度。以上各指标每组均重复测定 3 次，$L^*=100$ 表示白色，$L^*=0$ 表示黑色，L^* 值越大表明亮度越高；a^* 为正时表示红色，a^* 为负时表示绿色，a^* 值增加表明颜色加深；b^* 为正时表示黄色，为负时表示蓝色，b^* 值减少表示黄色消退。

1.4.4 维生素 C 含量测定

采用 2，6- 二氯酚靛酚滴定法。

测定步骤：

样液制备：称取实验材料的可食部分 50g，切小后放入榨汁机中，加 50mL 2% 草酸溶液，打成匀浆，用 1% 草酸溶液定容至 100mL，过滤。

滴定：吸取 5.0mL 滤液和 5.0mL 1% 草酸溶液于 50mL 锥形瓶中，用已标定过的 2，6 – 二氯酚靛酚溶液滴定，直至溶液呈粉红色 15s 不褪色为止。同时做空白实验。

结果计算：

$$维生素C(mg/100g)=\frac{(V_1-V_0)\times T}{m\times\frac{V_2}{100}}\times 100$$

式中：V_1——滴定样液消耗2，6－二氯酚靛酚溶液的体积，mL；

V_0——滴定空白液消耗2，6－二氯酚靛酚溶液的体积，mL；

T——2，6－二氯酚靛酚溶液的滴定度，mg/mL；

m——样品重量，g；

V_2——吸取滤液的体积，mL。

1.4.5 姜辣素含量测定

参照袁志等的测定方法，计算公式如下：

$$姜辣素（g/100g）=\frac{2.001\times V_0\times V_1\times C}{V_2\times W\times 10^6}\times 100\%$$

式中：2.001——香草醛换算姜辣素的系数；

C——测定的A值在回归方程中求出的香草醛浓度，μg/mL；

V_1——测定样品液总体积，mL；

V_1——样品提取液总体积，mL；

V_2——测定时吸取的样品滤液体积，mL；

W——样品重，g；

10^6——将微克数换算成克数。

1.5 数据处理

采用Excel 2010录入所有原始数据并整理，计算平均值并绘制图表；利用SPSS 22.0软件中的ANOVA进行方差分析确定因素显著性。

2. 结果与分析

2.1 不同贮藏方法对仔姜水分含量的影响

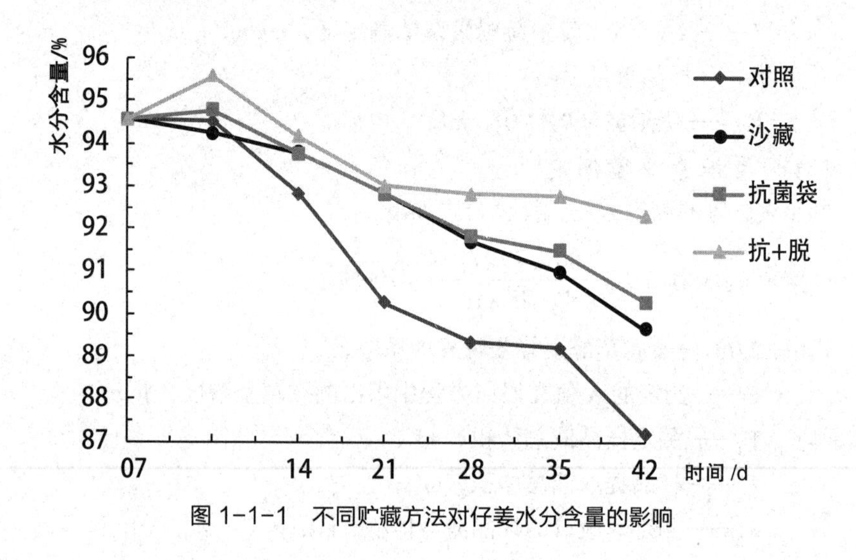

图 1-1-1 不同贮藏方法对仔姜水分含量的影响

Figure 1-1-1 Effects of different storage methods on the moisture content of baby ginger

图 1-1-1 的折线图可以清晰地观察到，在整个贮藏期间，仔姜的水分含量随着时间的推移产生了不同程度的下降趋向。对照组的水分含量从第 7 天后下降速度加快，第 14 天之后与其他实验组之间具有显著差异（$P<0.05$）；沙藏实验组与抗菌袋贮藏实验组的水分含量差异性不显著（$P>0.05$）；抗菌袋与脱氢醋酸钠协同处理实验组的水分含量始终高于其他实验组，并且从实验第 21 天开始水分流失速度明显减缓，说明该处理方法可用于长期保存，防止水分流失。以上分析表明三种处理方法对仔姜水分流失均具有较好的延缓作用，同时抗菌袋与脱氢醋酸钠的协同处理的效果最优，能更好地保持仔姜的水分，使仔姜看起来新鲜饱满。

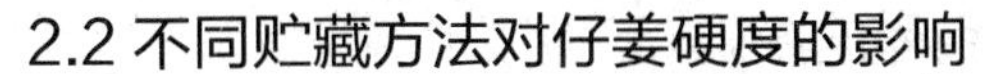

2.2 不同贮藏方法对仔姜硬度的影响

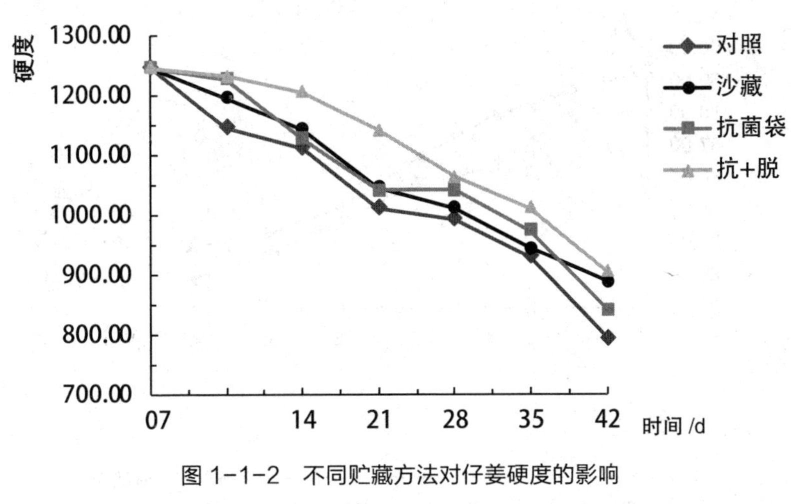

图 1-1-2　不同贮藏方法对仔姜硬度的影响

Figure 1-1-2　Effects of different storage methods on baby ginger hardness

生姜因为特殊的生物组织构成，使得生姜个体具有脆性，但在贮运过程中，会因为诸多的物理和生化因素，脆度会发生一些改变。图 1-1-2 的折线图可以明显观察到，随着贮藏时间的延长，仔姜的硬度在逐渐下降。贮藏的全部周期内，对照组的硬度始终低于其他实验组；沙藏实验组与抗菌袋贮藏实验组的硬度虽高于对照组，但与对照组之间的差异并不显著，同时沙藏实验组与抗菌袋贮藏实验组之间的硬度差异性也不显著（P>0.05）；抗菌袋与脱氢醋酸钠协同处理实验组的硬度高于其他实验组，并且在第 0~21 天硬度下降速度较缓，有利于短期贮藏。上述分析表明这三种处理方法可在一定程度上减缓仔姜硬度下降，沙藏处理与抗菌袋处理对硬度下降的减缓效果不明显，抗菌袋与脱氢醋酸钠的协同处理作用更为显著。

2.3 不同贮藏方法对仔姜色差的影响

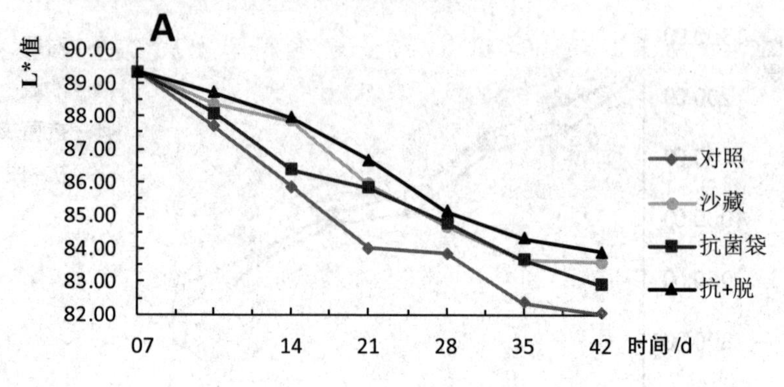

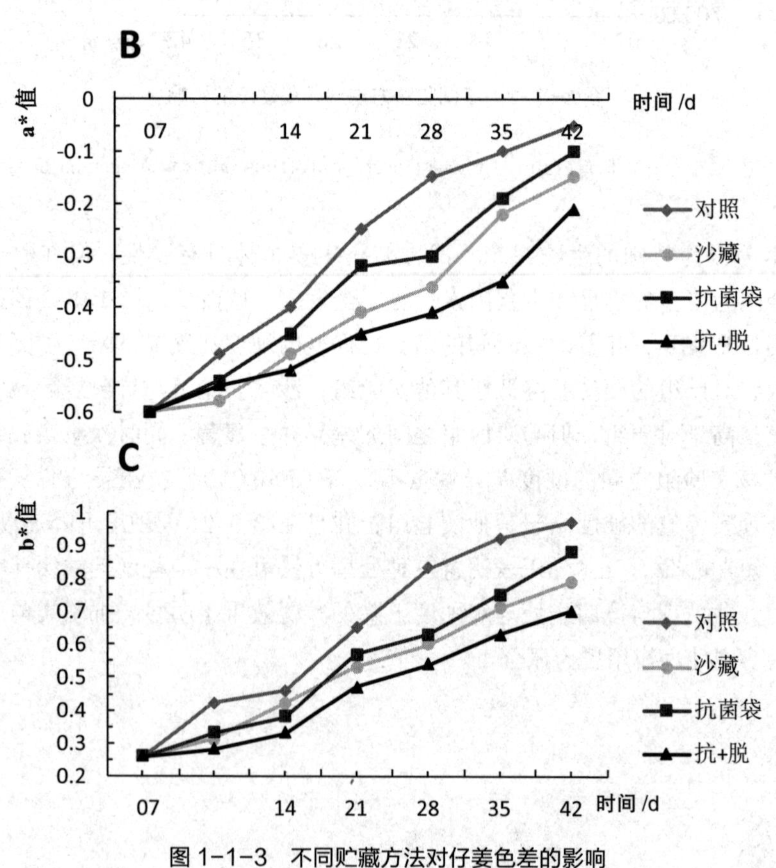

图 1-1-3　不同贮藏方法对仔姜色差的影响

Figure 1-1-3 Effects of different storage methods on baby ginger color difference

色差是综合反映果实颜色变化，衡量其褐变程度的一项重要指标。从图1-1-3的色差变化情况看，在整个贮藏期间，仔姜的L^*值随着时间的延长呈现一种下降的趋势（图1-1-3A），而a^*、b^*值则呈现上升趋势（图1-1-3B、1-1-3C），这表明在整个贮藏期间仔姜大明度不断地变暗，且色度逐渐向红、黄色转变。对照组的L^*值始终低于其他实验组，a^*、b^*值高于其他实验组，表明这三种处理方法能有效地减缓仔姜色泽的变化，能够较好地保持仔姜的外观品质。而抗菌袋与脱氢醋酸钠协同处理实验组的仔姜L^*值相对高于另两个实验组，a^*，b^*值相对低于另两个实验组，说明抗菌袋与脱氢醋酸钠协同处理的作用效果相对较好，能更有效地减缓仔姜在贮藏过程中的色泽变化。

2.4 不同贮藏方法对仔姜维生素C含量的影响

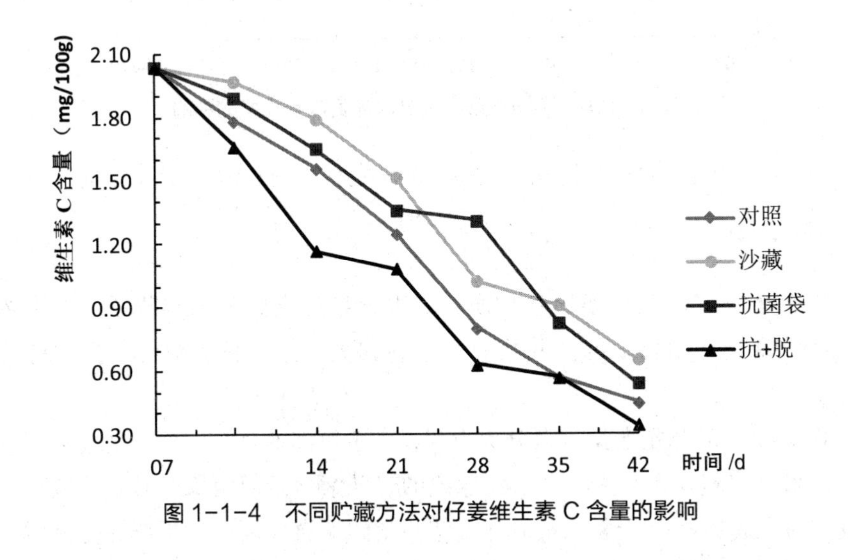

图1-1-4　不同贮藏方法对仔姜维生素C含量的影响

Figure 1-1-4　Effects of different storage methods on VC content of baby ginger

图1-1-4维生素C含量变化趋势表明，贮藏时间增长，维生素C含量不断减少。与对照组比较，沙藏实验组与抗菌袋贮藏实验组的维生素C含量始终高于对照组，这说明沙藏处理与抗菌袋处理对阻止维生素C流失具有较好的改善作用。沙藏处理与抗菌袋处理的维生素C含量差异性不显著（$P>0.05$）。抗菌袋与脱氢醋酸钠协同处理实验组的维生素C含量低于对照组，从折线趋势可以看出，该处理方法下维生素C的流失速度较其他实验组与对照组更快速，表明该处理方法将会促进维生素C的流失，分析认为，是脱氢醋酸钠的水溶液呈微

碱性，维生素 C 在微碱性环境下不稳定，易分解流失。

2.5 不同贮藏方法对仔姜姜辣素的影响

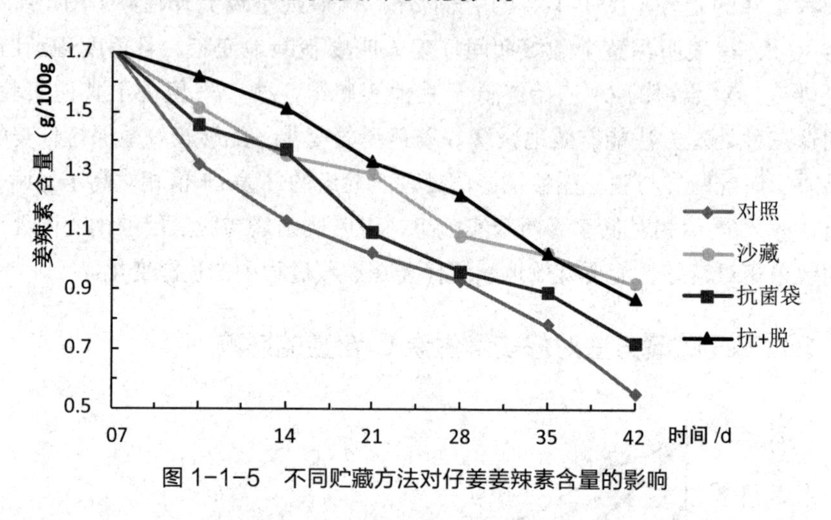

图 1-1-5　不同贮藏方法对仔姜姜辣素含量的影响

Figure 1-1-5 Effects of different storage methods on the gingerol content of baby ginger

姜辣素是仔姜的主要风味物质，其中含量最高的是酚类物质，具有挥发性，在贮藏过程中仔姜的这些物质很容易损失，致使仔姜色泽、风味等品质下降。

图 1-1-5 的测量数据可以分析得到，贮藏时间的延长，仔姜的姜辣素含量不断降低。在整个贮藏过程中，对照组的姜辣素含量始终低于其他实验组，说明这三种处理方法对于姜辣素的挥发有一定的减缓作用。从折线趋势来看，抗菌袋与脱氢醋酸钠协同处理实验组的姜辣素含量在第 0~21 天下降缓慢，且始终高于另两个实验组，抗菌袋贮藏实验组的姜辣素含量在 21d 后下降速度相对较快。上述分析表明这三种处理方法可在一定程度上减缓仔姜姜辣素的挥发，抗菌袋与脱氢醋酸钠的协同处理作用更为显著，有利于短期贮藏，而抗菌袋的减缓效果相对来说不明显。

2.6 不同贮藏方法下仔姜后期的状态

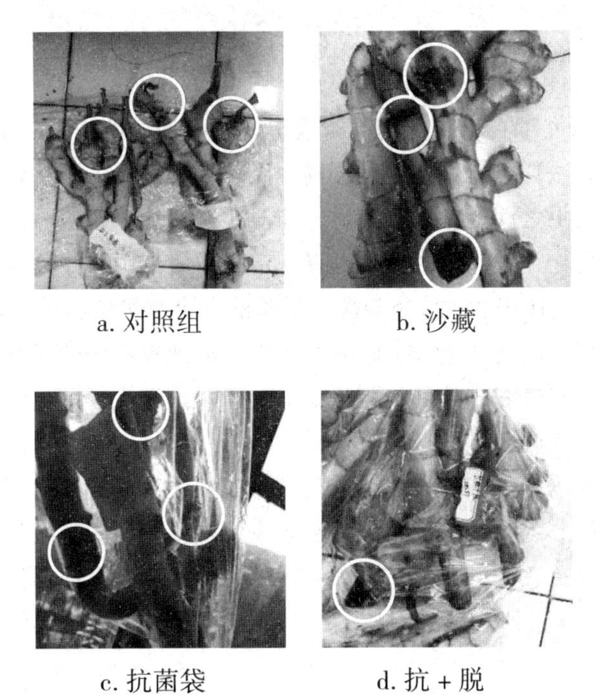

a. 对照组　b. 沙藏

c. 抗菌袋　d. 抗 + 脱

图 1-1-6　不同贮藏方法下仔姜后期的状态

Figure 1-1-6　The state of the late baby ginger in different storage methods

分别对贮藏第 42 天的各组仔姜进行观察分析。从图 1-1-6-a 可见对照组仔姜表面整体偏干，姜芽部分完全干枯，水分含量明显低于实验组，腐烂地方较多，颜色整体偏暗，已无贮藏价值。图 1-1-6-b 沙藏实验组的仔姜表面水分相对较多，整体保鲜状态较好，部分机械损伤的部位已腐烂，颜色虽然较对照组偏亮，但贮藏价值相对较低；图 1-1-6-c 抗菌袋贮藏实验组的仔姜表面水分相对较多，整体保鲜状态较好，只有机械损伤的部位已腐烂，颜色较对照组偏亮，但贮藏价值相对较低；图 1-1-6-d 抗菌袋与脱氢醋酸钠协同处理实验组的仔姜表面湿润，水分含量较其他组偏多，整体保鲜状态最好，未腐烂或腐烂部位极少，颜色较其他组偏亮，有继续贮藏的价值。

3. 结论

本实验研究了在三种不同贮藏方法下仔姜的保鲜效果，由实验结果可知，这几种贮藏方法均可对仔姜起到不同程度的保鲜效果。沙藏处理和抗菌袋处理对仔姜保鲜效果之间的差异不明显，与对照组相比对于水分的流失、硬度的下降、色泽的变化、姜辣素的挥发也有一定的减缓作用，并且对于维生素 C 的流失有较好的减缓作用。抗菌袋与脱氢醋酸钠协同处理能较好地保持仔姜的水分，有效地减缓仔姜硬度的下降，同时对于减缓姜辣素成分的挥发和在贮藏过程中色泽的变化也有较好的效果，但对于维生素 C 的流失有一定的促进作用，这与脱氢醋酸钠的微碱性有关。

排除维生素 C 的流失，抗菌袋与脱氢醋酸钠协同处理对仔姜的保鲜效果较好，但维生素 C 是一种对延缓仔姜衰老发挥重要作用的抗氧化物质，对于仔姜具有一定的存在意义。因此，探寻一种对维生素 C 没有损坏作用的保鲜剂尚需后面进行更深入的研究。

第二章　不同保鲜膜对仔姜保鲜效果的影响

果蔬的主要保鲜方式有：低温冷藏保鲜技术、气调保鲜、电子技术保鲜、辐射保鲜、涂膜保鲜、保鲜膜保鲜等。低温冷藏保鲜技术是依靠低温的环境来减缓果蔬及微生物的新陈代谢速率，抑制微生物的生长繁殖，从而增加果蔬的保质期。但是，长时间贮藏会使果蔬色泽及品质发生改变，且有些果蔬不适于低温冷藏，因此限制了其应用范围。而气调保鲜技术则是通过对贮藏环境中温度、湿度及 CO_2，O_2 等条件的控制，进而减缓果蔬的新陈代谢速率，以此来达到果蔬的安全贮藏和延长货架期的作用。气调保鲜的保藏效果是普通冷藏技术的 2~3 倍，但是其成本高，维护费用高，适用范围较小，只适用于大型企业。辐射保鲜是通过利用 γ 射线和 X 射线来辐照果蔬，形成游离基团，进而控制微生物的繁殖，达到延长果蔬贮藏期的目的。但是，该方法对辐照的剂量要求严格，成本高，安全措施需严谨，且成功率与果蔬的品种和成熟度及包装材料等因素有关。因此，其应用范围受到较大限制。涂膜保鲜技术是采用浸染法、喷涂法和刷涂法三种方法将成膜性物质复合在果蔬表面，形成一种均匀的高分子薄膜，能够阻止果蔬的气体交换，起到延长果蔬货架期的作用。保鲜膜保鲜技术是将果蔬包装在薄膜内，利用果蔬自身的呼吸作用，调节薄膜内 CO_2 和 O_2 的比例，并通过保鲜膜的半透性保持膜内气体成分的相对稳定性，从而达到延长贮藏期的目的。

目前针对仔姜贮藏保鲜的研究内容相对较少，因此用其他根茎类蔬菜的贮存研究作为参考。果蔬在采后的过程中会发生各种生理病害，这些生理病害由两种原因造成，第一种是果蔬本身生理代谢，第二种是果蔬所贮藏的环境。果蔬在收获后一段时间内其细胞依然具有活性，并进行细胞呼吸及其他生理代谢，是一个持续变化的相对独立的个体，但是由于失去了营养与水分的供给，随着生理代谢反应的进行，在一定时间内，果蔬的营养物质和能量将被逐步消耗，果蔬品质开始降低，失去食用与商品价值。

姜在 20℃以上茎叶才开始生长，在我国农业生产中，一般春季播姜种，夏秋季收获，9—11 月为主要收获期。薛婧等认为贮藏山药的最适合的温度为

4℃，最适合贮藏的相对湿度为80%~85%，王静等认为牛蒡的最适宜贮存温度为10℃。一般情况下果蔬都比较适合低温贮藏，但有研究实验证明，仔姜在10℃以下贮存会发生冷害。冷害的主要表现为：在贮藏期间仔姜表面会出现水浸状病癍及凹陷，温度回升后迅速发生失水、软化、褐变等现象。冷害会极大地降低仔姜细胞膜的流动速度，抑制细胞的物质交换，而且仔姜的水分含量很高，所以在贮藏时，贮藏环境的空气的相对湿度需控制在95%左右，否则仔姜会大量失水，使其外观发生干瘪，生理发生紊乱。因为仔姜表皮幼嫩易破，本身也容易产生机械损伤，因此仔姜在贮藏过程中更易发生冷害、失水，且因其极容易发生机械损伤，容易导致微生物感染，褐变，水分流失加快等现象加速仔姜的腐败、干瘪，使其快速失去食用及其商品性价值。因此，在贮藏时应选择较少机械损伤的仔姜，且在仔姜的冷藏前，需对其进行抗冷害处理，刘继对仔姜的抗冷害措施进行了研究，认为45℃热水浸泡5min结合程序降温处理能显著抑制贮藏于5℃仔姜的冷害程度。因此，此实验目的即在对仔姜进行抗冷害处理后，在5℃下探究这五种保鲜膜对生姜的保鲜作用，探讨对实际生姜的贮藏和运输过程的保存是否具有实际的指导意义。

1. 研究方法

1.1 材料处理

将采来的仔姜清洗干净然后分级，选择成熟度一致，较少机械损伤的作为材料，先对仔姜进行抗冷害处理，在45℃热水中浸泡5min，然后进行降温处理，在10℃温度下放置6h，然后将仔姜每200~250g为一组，分别以五种保鲜膜包装，每种包装10组，每组包裹两层保鲜膜，每组包装前称重记录并贴编号标签，将其放入5℃冰箱保藏。

1.2 指标测定

1.2.1 水分含量（采用恒重法）

$$水分含量=\frac{干燥前的重量-恒重后的重量}{干燥前的重量}\times 100\%$$

1.2.2 硬度

使用TA-XT Plus物性分析仪，探头选P/2，设定的参数：预压速度2.0mm/s、下压速度0.5mm/s和压后上行速度0.5mm/s，触发点负载为6.8g，探头测试距离4.0mm。

1.2.3 色差（采用色差仪测定）

L^*值表示明亮度，a^*，b^*分别表示赤色度和黄色度。上各指标每组均重复测定3次。

$\triangle E^* = [(L^*-L^\circ)2+(a^*-a^\circ)2+(b^*-b^\circ)2]/2$

式中L°、a°、b°分别表示贮藏前果实的L^*、a^*、b^*值

1.2.4 维生素C含量（采用2，6-二氯靛酚滴定法）

计算公式

$$维生素C(mg/100g)=\frac{(V-V_0)\cdot T\cdot A}{W}\times 100$$

式中：V——滴定样液时消耗染料溶液的体积，mL；

V_0——滴定空白时消耗染料溶液的体积，mL；

T——2，6－二氯靛酚染料滴定度，mg/mL；

A——稀释倍数；

W——样品重量，g；

1.2.5 姜辣素（采用紫外分光光度计法）

$$姜辣素\%=\frac{2.001\times V_0\times V_1\times C}{V_2\times W\times 10^6}\times 100\%$$

式中：2.001——香草醛换算姜辣素的系数

C——测定的值在回归方程中求出的香草醛浓度，μg/mL；

V_1——测定样品液总体积，mL；

V_0——样品提取液总体积，mL；

V_2——测定时吸取的样品供试液体积，mL；

W——样品重，g；

10^6——将微克数换算成克数。

2. 结果与分析

2.1 不同保鲜膜对于仔姜硬度的影响

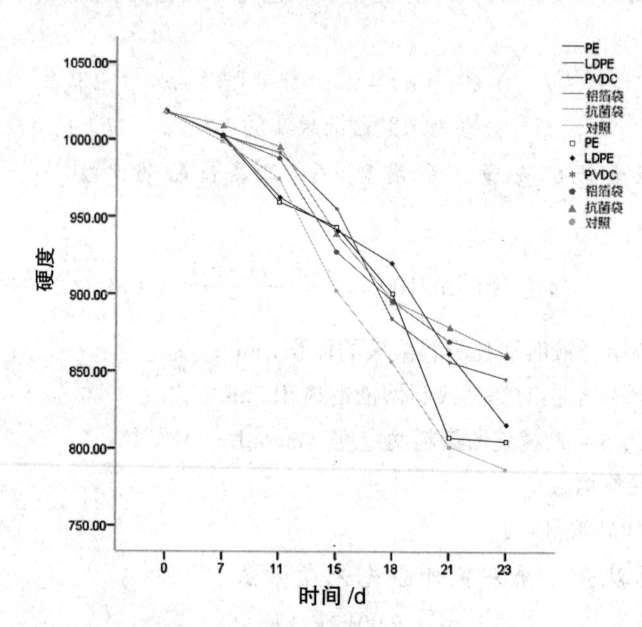

图 1-2-1 不同保鲜膜对仔姜硬度的影响

Figure1-2-1 Effect of different Fresh-keeping Film on hardness of Zingiber officinalis

由图 1-2-1 可知，随着时间的延长，仔姜的硬度逐渐降低，但在 30d 内，并无明显局部变软的现象。和对照组相比，这五种保鲜膜对仔姜确实具有延缓硬度下降的作用，且具有显著性差异（$P < 0.05$），而在 15d 前，PE 和 LDPE 的仔姜硬度下降速度几乎一致，且比另外三种保鲜膜快，而在 15d 后，PE 的下降速度明显比 LDPE 的要快，PVDC、铝箔袋、抗菌袋的下降速度相差不多，而 18d 之后，铝箔袋及抗菌袋的硬度变化明显变缓，硬度值相对于另外三种保鲜膜明显偏高，而抗菌袋又比铝箔袋稍好。

2.2 不同保鲜膜对于仔姜水分含量的影响

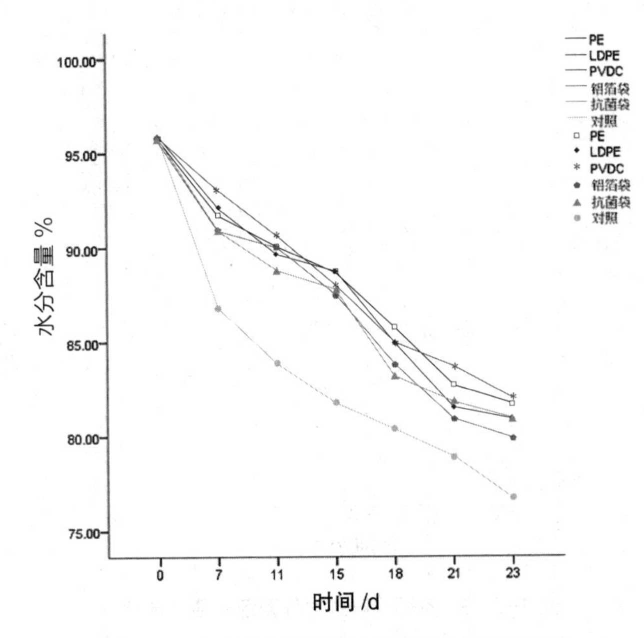

图 1-2-2　不同保鲜膜对仔姜水分含量的影响

Figure1-2-2　Effect of different Fresh-keeping Film on moisture content of Zingiber officinalis

由图 1-2-2 可知，随着时间的变化，仔姜的水分逐渐流失，且对照组的仔姜水分含量始终低于五种保鲜膜的水分含量，说明保鲜膜对于仔姜水分的流失有一定的减缓作用。包有保鲜的仔姜 23d 内并没有出现表皮干枯的现象，而对照组有部分仔姜表皮干燥缺水。和对照组相比，保鲜膜提高了贮藏期间仔姜的水分含量，且具有显著差异性（$P < 0.05$），前 15d 内，PVDC 的仔姜失水速率最低，LDPE、PE、铝箔袋失水速率相差不多，抗菌袋的稍快一点，而 15d 后，铝箔袋及抗菌袋的失水速率最快，且无明显差异性（$P > 0.05$），而 PE，LDPE，PVDC 的持水效果无明显差异（$P > 0.05$）。

2.3 不同保鲜膜对仔姜色差值的影响

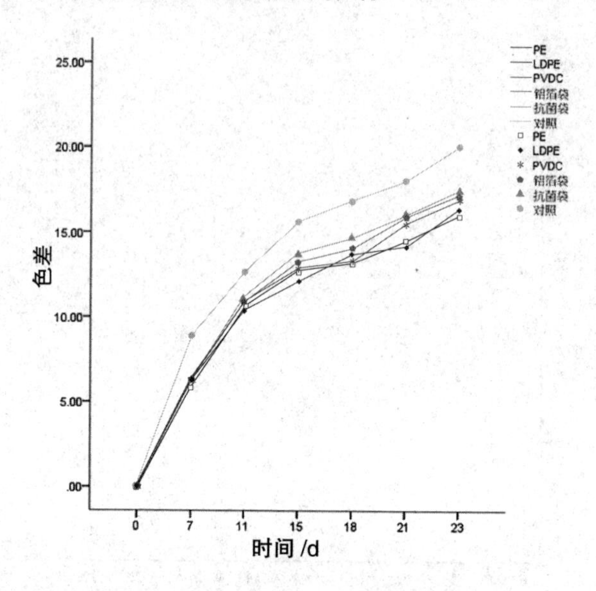

图 1-2-3　不同保鲜膜对仔姜色差值的影响

Figure1-2-3 Effect of different Fresh-keeping Film on value of chromatism of Zingiber officinalis

由图 1-2-3 可知，随着贮藏时间的变化，色差值越来越大，在自身新陈代谢及微生物的作用下，仔姜慢慢发生颜色的变化。在 23d 后，部分仔姜的部分部位有较为严重的褐变，褐变颜色偏向黑褐色，且干枯缺水，部分伴有腐烂。仔姜几种保鲜膜的色差值变化程度几乎一致，但与对照组相比较，其色差值要相对较小，而几种保鲜膜之间并无显著性差异（$P > 0.05$），所以几种保鲜膜对于仔姜色差的影响并无明显区别。

2.4 不同保鲜膜对仔姜维生素 C 含量的影响

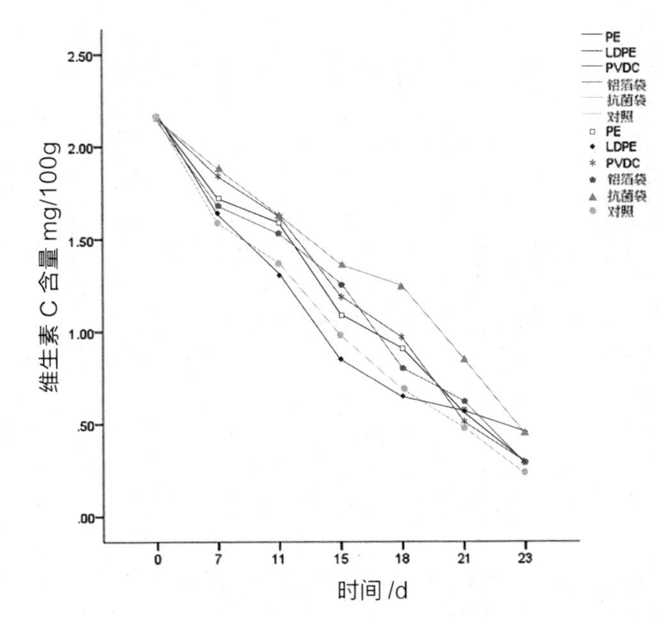

图 1-2-4　不同保鲜膜对仔姜维生素 C 含量的影响

Figure 1-2-4 Effect of different Fresh-keeping Film on VC content content of Zingiber officinalis

由图 1-2-4 可知，前 7d 时，PE、LDPE、铝箔袋、对照组的维生素 C 变化几乎一致，抗菌袋及 PVDC 的维生素 C 含量相较其他保鲜膜偏高，而 7d 后，PVDC 的维生素 C 含量迅速下降，由此可知，PVDC 只适用于短期保藏；在 18d 前，抗菌袋的维生素 C 含量下降缓慢，而 18d 后，迅速下降，由此可知，抗菌袋对维生素 C 的保存效果比 PVDC 要好，但也不适用于长期保存，对维生素 C 含量的保存有一定的局限性。对照组与 LDPE 之间并无显著性差异（$P > 0.05$），抗菌袋与其他保鲜膜及对照组均有显著性差异（$P < 0.05$），PVDC 与 LDPE 之间有显著性差异（$P < 0.05$），而铝箔袋与 PE、LDPE、PVDC 并无显著性差异（$P > 0.05$），由两个图表总结可得：抗菌袋的维生素 C 含量保持效果较好。

2.5 不同保鲜膜对仔姜姜辣素含量的影响

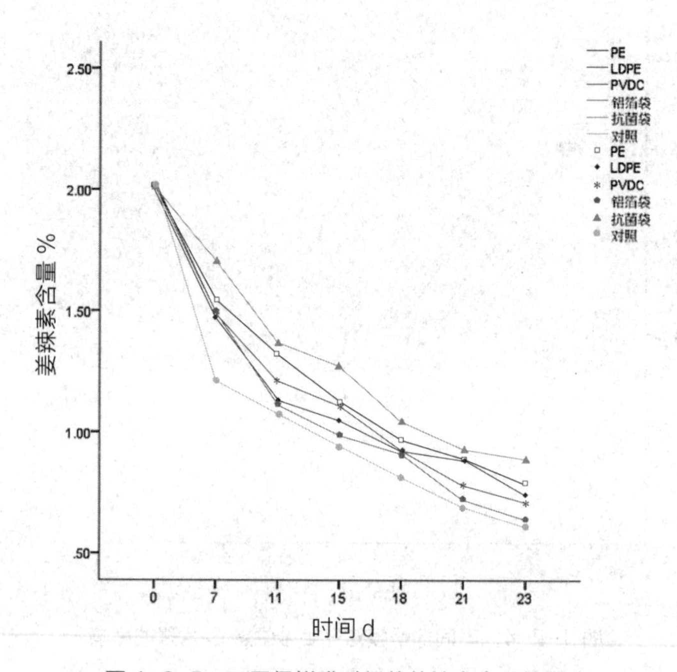

图 1-2-5 不同保鲜膜对仔姜姜辣素含量的影响

Figure 1-2-5 Effect of different Fresh-keeping Film on Ginger content content of Zingiber officinalis

由图 1-2-5 可知，在前 7d 时，对照组的姜辣素含量始终低于五种保鲜的仔姜姜辣素含量，对照组的姜辣素含量明显比保鲜膜的下降速率更快，说明保鲜膜对于仔姜姜辣素的挥发有一定的延缓趋势，而铝箔袋的下降趋势仅次于对照组，PE，LDPE，PVDC 三种保鲜膜的下降趋势几乎一致，抗菌袋的姜辣素含量下降速度比其他保鲜膜的要缓慢，抗菌袋的保藏效果较其他保鲜膜更好；而 PE 与铝箔袋、抗菌袋、对照组之间有显著性差异（$P < 0.05$），PE，LDPE，PVDC 之间无显著性差异（$P > 0.05$），PVDC，LDPE，铝箔袋之间也无显著性差异（$P > 0.05$），而其他几种保鲜膜都与抗菌袋及对照组都有显著性差异（$P < 0.05$），综上所述，对姜辣素的保存效果为抗菌袋 > PE=LDPE=PVDC > 铝箔袋 > 对照。

2.6 贮藏 30d 后仔姜的外观

图 1-2-6 是仔姜贮藏第 30 天的仔姜图片。由图 1-2-6a PVDC 可观察到，仔姜表皮较完整，无明显褐变，头部颜色略深，部分褐变，且有白色絮状菌落，头部略有腐烂，但整体无明显腐烂，表面略黏，无法继续贮藏；图 1-2-6b LDPE 可观察到，仔姜表皮褐变较严重，且略黏，根部长有白色絮状菌落，头部及根部都略有腐烂，已失去食用价值；图 1-2-6e 铝箔袋可观察到，仔姜表面白色絮状菌落生长严重，分布在仔姜各个部位，但无明显褐变，根部略有腐烂，表皮略干枯；图 1-2-6d 抗菌袋可观察到，仔姜表面无白色絮状菌落生长，表皮略有褐变，根部略有腐烂，仍有继续保存的价值；图 1-2-6e PE 可观察到，仔姜表皮略有褐变，但仔姜本身变软严重，根部腐烂，已失去食用价值，无法继续贮藏。

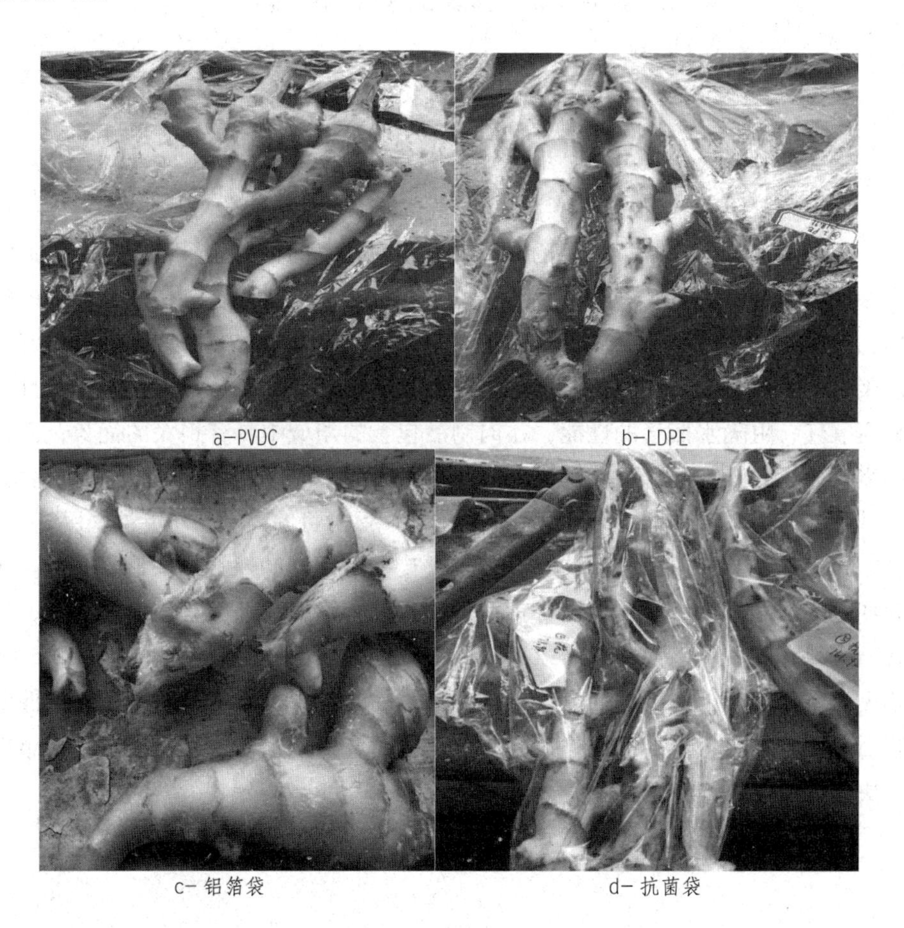

a-PVDC　b-LDPE

c- 铝箔袋　d- 抗菌袋

e-PE

图 1-2-6 贮藏第 30 天的仔姜外观

3. 结论

本实验研究了市场上常见的五种保鲜膜对仔姜的保鲜效果，市场上常见的几种保鲜膜，由于 PVC 模具有毒性，很多国家已限制其在食品包装材料上的使用；PE 保鲜膜安全而无毒性，但是其延展性较差，而 LDPE 保鲜膜具有很好的延展性和透气性；PVDC 保鲜膜是目前市场上一种比较安全的保鲜膜，并且兼顾阻氧气、阻隔水蒸气的性能，在肉制品包装的领域中具有很大的优势；而铝箔袋的透氧性低、阻隔性强、不透光；抗菌保鲜膜是指在保鲜膜中添加抗菌剂，通过抗菌剂的缓释和光催化等作用达到抗菌、保鲜目的的一种功能性薄膜。

由实验结果可知，抗菌袋在仔姜的整个贮藏期间的保鲜效果最好。而在实验期间的 23d 内，所有仔姜仍有食用价值，只有极少数部位有较严重褐变，仍有继续保存的价值，而在 30d 以后，大部分仔姜茎部长有白色絮状微生物，仔姜表面有些许黏液，失去商品价值。在仔姜的保鲜方面，抗菌复合模式的保鲜膜因对微生物有一定的抑制作用，所以比较适合用于仔姜这种易被微生物感染的块茎类蔬菜。

第三章　不同保鲜溶液对鲜切生姜保鲜特性的影响

1. 前言

蔗糖酯是一种食品添加剂，在生活中有着极其广泛的应用[6]。运用蔗糖酯进行鲜切生姜的保鲜方法是化学保鲜方法之一。在人体内分解为蔗糖及脂肪酸，在体内完全可以被消化吸收，脂肪酸对人体还有营养作用，符合了食品保鲜对药物的要求[8]。明胶是胶原的水解产物，是一种无脂肪的高蛋白，且不含胆固醇，是一种天然营养型的食品增稠剂。食用后既不会使人发胖，也不会导致体力下降。明胶还是一种强有力的保护胶体，乳化力强，进入胃后能抑制牛奶、豆浆等蛋白质因胃酸作用而引起的凝聚作用，从而有利于食物消化。海藻酸钠是一种天然多糖，具有药物制剂辅料所需的稳定性、溶解性、黏性和安全性。海藻酸钠具有良好的溶解特性，它可溶于水，不溶于有机溶剂，与其他糖一样，有良好的成膜性能，而且透气性好，能调节水分的蒸发，抑制呼吸强度，形成自发性气调作用，从而调节 O_2 和 CO_2 比例；海藻酸钠的抑菌作用可有效抑制微生物的繁殖，延长保鲜期。卡拉胶是从红藻中提取的一种高分子亲水性多糖[9]。卡拉胶还可以在低温下在水中或奶基食品体系中形成多种不同的凝胶，卡拉胶稳定性强，干粉长期放置不易降解，溶于热水中能形成黏性透明或轻微乳白色的易流动溶液。由于卡拉胶能形成凝胶的特征，所以可作为保鲜液。综上所述，蔗糖酯、明胶、海藻酸钠、卡拉胶都具有安全、无毒的特点，因此，可以作为鲜切生姜的保鲜溶液。

2. 材料与方法

2.1 材料

生姜：本实验所采用的生姜购于重庆市永川区双竹镇卫星湖蔬菜农贸市场。本次实验的生姜具有新鲜、大小一致的特点。

2.2 仪器与设备

752 型分光光度计（上海舜宇恒平科学仪器有限公司），TA-XT2i 质构分析仪（英国 Stable Micro System 公司），CM-5 型色彩色差仪（日本柯尼卡美能达公司），DGG-9246A 型电热鼓风干燥箱（上海齐欣科学仪器有限公司），超声波清洗机，电子分析天平。

2.3 实验方法

2.3.1 处理办法

首先把生姜清洗干净，然后将它的皮去掉，最后再用刀片将生姜切割成大小一致的姜片。选择大小及规格一致的姜片，分别用蒸馏水、蔗糖酯（0.05%，0.1%，0.15%，0.20%，0.25%）、明胶（0.1%，0.5%，1%，1.5%，2%）、海藻酸钠（0.1%，0.5%，1%，1.5%，2%）、卡拉胶（0.2%，0.6%，1%，1.4%，1.8%）溶液浸泡处理 5 min 后取出沥干分装于市购的 PE 保鲜袋中，置于室温贮藏，每 3d 测定各项指标。

2.3.2 腐烂率的测定

采用直接观测法。

计算公式为：腐烂率 = 腐烂部分 / 总质量 ×100%

2.3.3 维生素 C 的测定

参照曹建康等的方法，采用 2，6- 二氯靛酚滴定法。计算公式如下：

$$X=\frac{(V-V_0)\times T\times A}{m}\times 100$$

式中：X——试样中 L（+）- 抗坏血酸含量，单位为毫克每百克（mg/100g）；

V——滴定试样消耗 2，6 二氯靛酚的体积，单位为毫升（mL）；

V_0——滴定空白消耗 2，6- 二氯靛酚的体积，单位为毫升（mL）；

T——1 mL 染料溶液所能氧化维生素 C 的质量（mg），单位为 mg/mL；

A——稀释倍数；

m——滴定所用滤液中含样品的质量，g。

2.3.4 色差的测定

采用色差仪。得到生姜的 L^*，a，b 值。

2.3.5 失水率的测定

采用直接称量法。

计算公式为：失水率 =（初始质量 – 再次称量）/ 初始质量 ×100%

2.3.6 硬度的测定

采用质构仪测定。参考 Wang C. 等方法，探头选择 P/2，选取测试参数：预压速度 2.0 mm/s、下压速度 0.5 mm/s 和压后上行速度 0.5 mm/s，触发点负载为 6.8 g，探头测试距离 4.0 mm。

2.3.7 可溶性固形物的测定

采用阿贝折光仪法测定。

2.3.8 姜辣素的测定

采用紫外可见分光光度计法测定。先绘制香草醛标准曲线，然后进行生姜样品的处理，最后在 280nm 处测定其吸光度，并以无水乙醇为空白，带入香草醛回归方程求得相应的浓度 C。

计算公式如下：

$$姜辣素\% = \frac{2.001 \times V_0 \times V_1 \times C}{V_2 \times W \times 1\,000\,000} \times 100\%$$

式中：2.001——香草醛换算姜辣素的系数；

C——测定的值在回归方程中求出的香草醛浓度，ug/mL；

V_1——测定样品液总体积，mL；

V_0——样品提取液总体积；

V_2——测定时吸取的样品供试液体积，mL；

W——样品重，g。

2.4 数据处理

将实验得到的数据用 spss19.0 进行相关的分析。

3. 结果与分析

3.1 不同保鲜液对生姜维生素 C 含量的影响

3.1.1 不同浓度的蔗糖酯对生姜维生素 C 含量的影响

从图 1－3－1 中可以看出，在 0~3d 时，维生素 C 含量下降的速率很快，对照组的维生素 C 下降了 59.8%，经过蔗糖酯处理的生姜切片的维生素 C 含量明显高于对照组，而且，经过 0.15% 蔗糖酯处理的生姜切片的维生素含量最高。随着保藏天数的增加，生姜切片的维生素 C 含量在继续下降，保藏到 12d 时，蔗糖酯保鲜液处理的生姜切片的维生素 C 含量明显高于对照组，且 0.15% 蔗糖酯处理的生姜切片的维生素 C 含量（1.95mg/100g）均高于其他处理组和对照组。结果表明，蔗糖酯保鲜液抑制了保藏期间维生素 C 含量的下降，尤以 0.15% 蔗糖酯处理对抑制生姜切片维生素 C 含量的降低效果较好[14]。

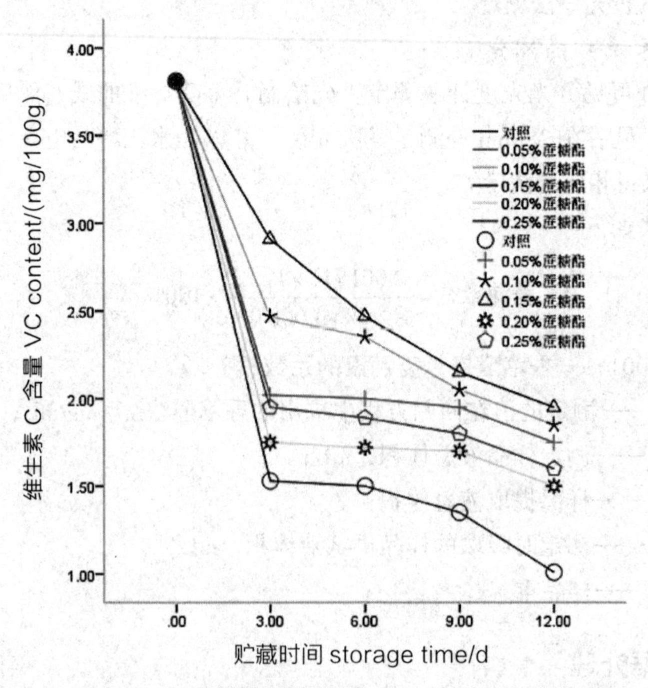

图 1-3-1　蔗糖酯保鲜液对生姜维生素 C 含量的影响

Fig. 1-3-1　effect of sucrose ester fresh-keeping solution on VC content of ginger

3.1.2 不同浓度的海藻酸钠对生姜维生素 C 含量的影响

从图 1-3-2 中，可以看出，在 0~3 天时，维生素 C 含量下降的速率很快，对照组的维生素 C 下降了 59.8%，经过海藻酸钠处理的生姜切片的维生素 C 含量明显高于对照组，而且，经过 0.5% 海藻酸钠处理的生姜切片的维生素含量最高。随着保藏天数的增加，生姜切片的维生素 C 含量在继续下降，保藏到 12d 时，海藻酸钠保鲜液处理的生姜切片的维生素 C 含量明显高于对照组[15]，且 0.5% 海藻酸钠处理的生姜切片的维生素 C 含量（1.80mg/100g）均高于其他处理组和对照组。结果表明，海藻酸钠保鲜液抑制了保藏期间维生素 C 含量的下降，尤以 0.5% 海藻酸钠处理对抑制生姜切片维生素 C 含量的降低效果较好。

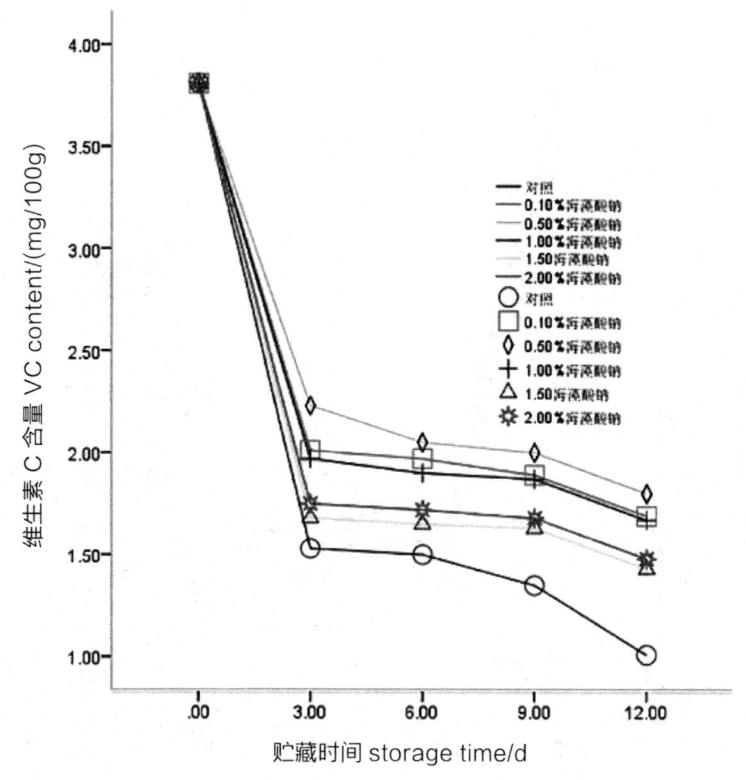

图 1-3-2　海藻酸钠保鲜液对生姜维生素 C 含量的影响

Fig. 1-3-2　effect of sodium alginate fresh-keeping solution on VC content of ginger

3.1.3 不同浓度的卡拉胶对生姜维生素 C 含量的影响

从图 1-3-2 中可以看出，在 0~3d 时，维生素 C 含量下降的速率很快，对照组的维生素 C 下降了 59.8%，经过卡拉胶处理的生姜切片的维生素 C 含量明显高于对照组，而且，经过 0.60% 卡拉胶处理的生姜切片的维生素含量最高。随着保藏天数的增加，生姜切片的维生素 C 含量在继续下降，保藏到 12d 时，蔗糖酯保鲜液处理的生姜切片的维生素 C 含量明显高于对照组，且 0.60% 卡拉胶处理的生姜切片的维生素 C 含量（1.69mg/100g）均高于其他处理组和对照组。结果表明，卡拉胶保鲜液抑制了保藏期间维生素 C 含量的下降，尤以 0.60% 卡拉胶处理对抑制生姜切片维生素 C 含量的降低效果较好[16]。

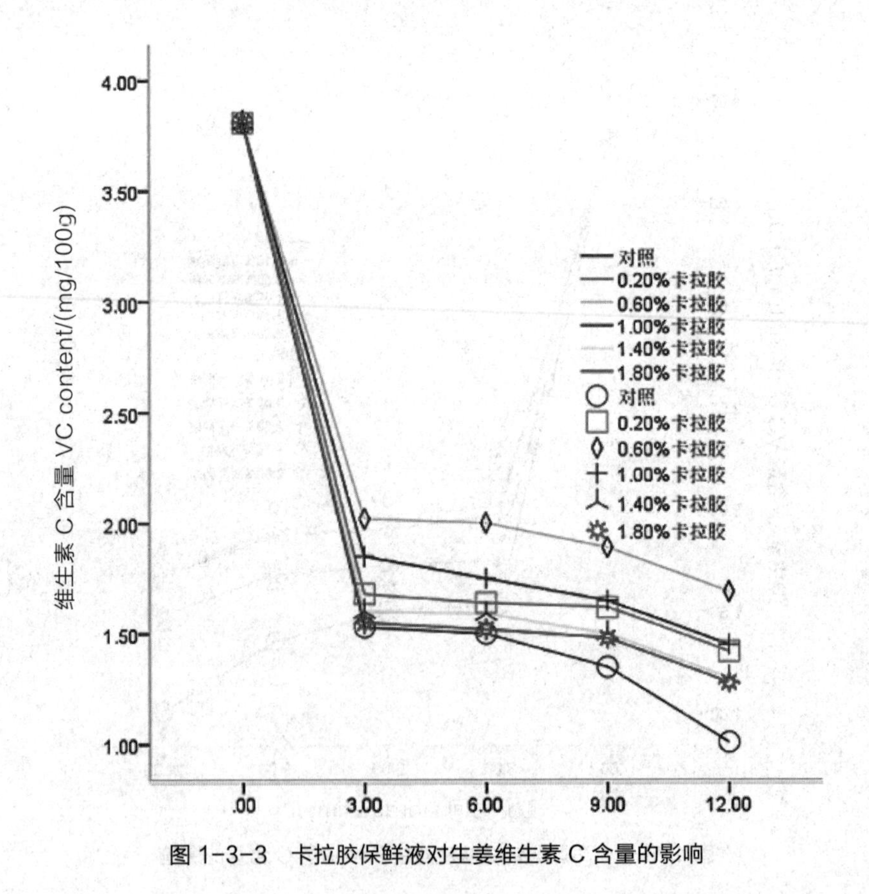

图 1-3-3 卡拉胶保鲜液对生姜维生素 C 含量的影响

Fig. 1-3-3 effect of carrageenan onVC content of ginger

3.1.4 不同浓度明胶对生姜维生素 C 含量的影响

从图 1-3-4 中可以看出，在 0~3d 时，维生素 C 含量下降的速率很快，对照组的维生素 C 下降了 59.8%，经过明胶处理的生姜切片的维生素 C 含量明显高于对照组，而且，经过 1.00% 明胶处理的生姜切片的维生素含量最高。随着保藏天数的增加，生姜切片的维生素 C 含量在继续下降，保藏到 12d 时，明胶保鲜液处理的生姜切片的维生素 C 含量明显高于对照组，且 1.00% 明胶处理的生姜切片的维生素 C 含量（2.80mg/100g）均高于其他处理组和对照组。结果表明，明胶保鲜液抑制了保藏期间维生素 C 含量的下降，尤以 1.00% 明胶处理对抑制生姜切片维生素 C 含量的降低效果较好。

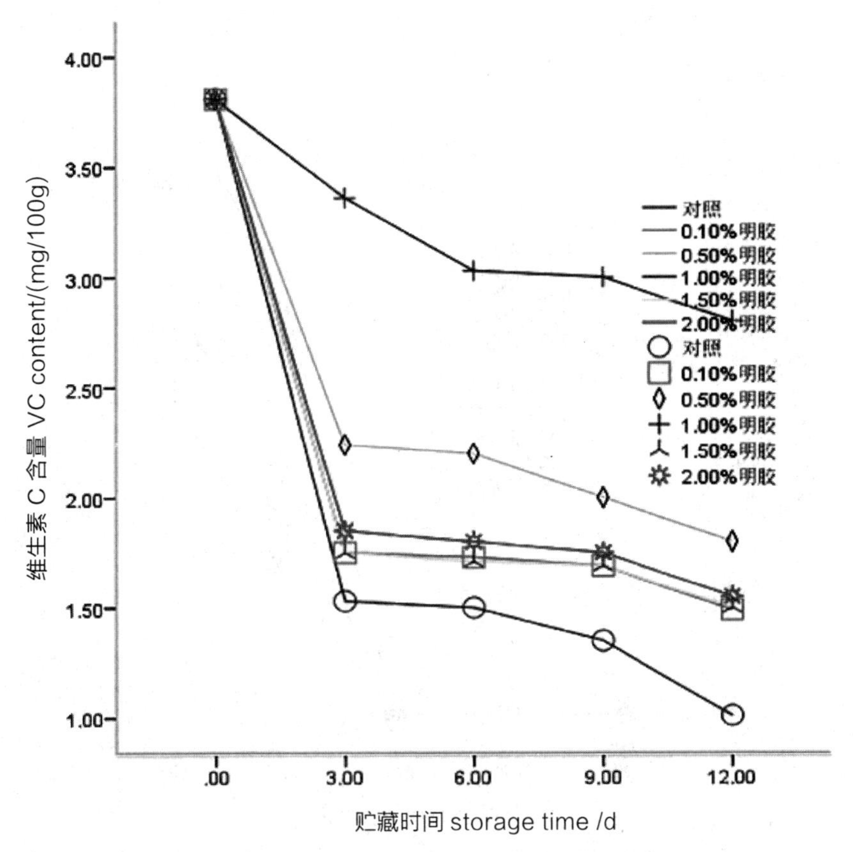

图 1-3-4　明胶保鲜液对生姜维生素 C 含量的影响

Fig. 1-3-4　effect of gelatin preservative onVC content of ginger

3.2 不同保鲜液对生姜腐烂率的影响

3.2.1 不同浓度蔗糖酯对生姜腐烂率的影响

从图 1-3-5 来看，随着保藏时间的延长，生姜切片从第 6 天开始腐烂，至第 12 天时，腐烂率达到最高，最高的可达到 25% 左右。其中，经过蔗糖酯保鲜液的处理与对照相比，明显降低了生姜切片的腐烂率，其中 0.15% 蔗糖酯的效果尤为显著，在第 12 天时，0.15% 蔗糖酯的腐烂率（12.83%）与其他组相比较最低，结果表明，蔗糖酯能抑制生姜切片的腐烂，且以 0.15% 蔗糖酯处理的抑菌效果最好。

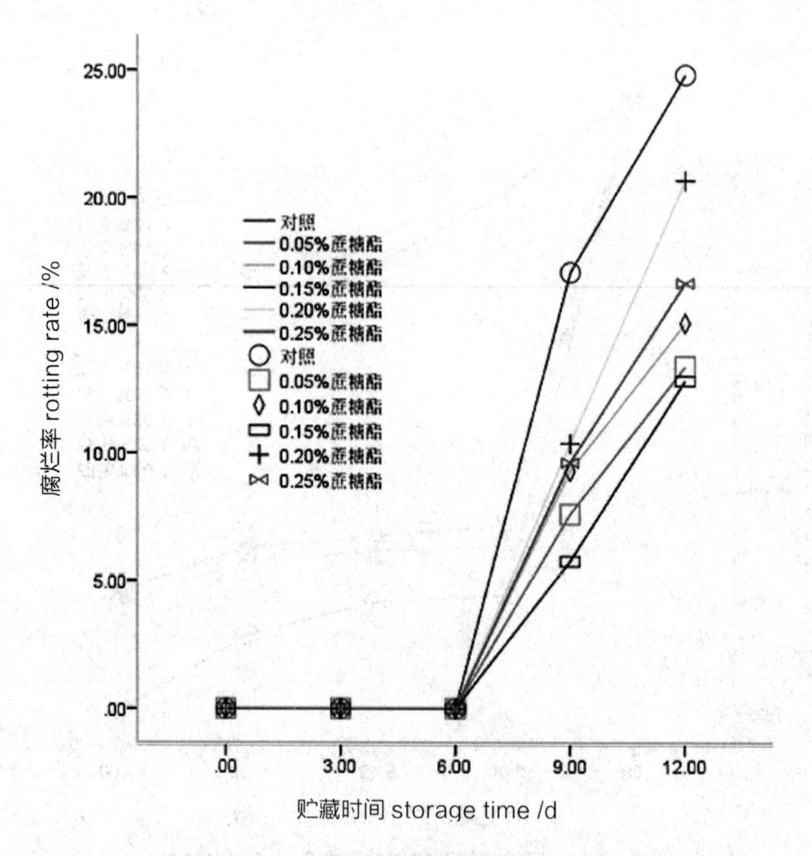

图 1-3-5　蔗糖酯保鲜液对生姜腐烂率的影响

Fig. 1-3-5　effect of sucrose ester fresh-keeping solution on rotting rate of ginger

3.2.2 不同浓度的海藻酸钠对生姜腐烂率的影响

从图 1-3-6 来看，随着保藏时间的延长，生姜切片从第 6 天开始腐烂，至第 12 天时，腐烂率达到最高，最高的可达到 25% 左右。其中，经过海藻酸钠保鲜液的处理与对照相比，明显降低了生姜切片的腐烂率，其中 0.5% 海藻酸钠的效果尤为显著，在第 12 天时，0.5% 海藻酸钠的腐烂率（14.23%）与其他组相比较最低，结果表明，海藻酸钠能抑制生姜切片的腐烂，且以 0.5% 海藻酸钠处理的抑菌效果最好。

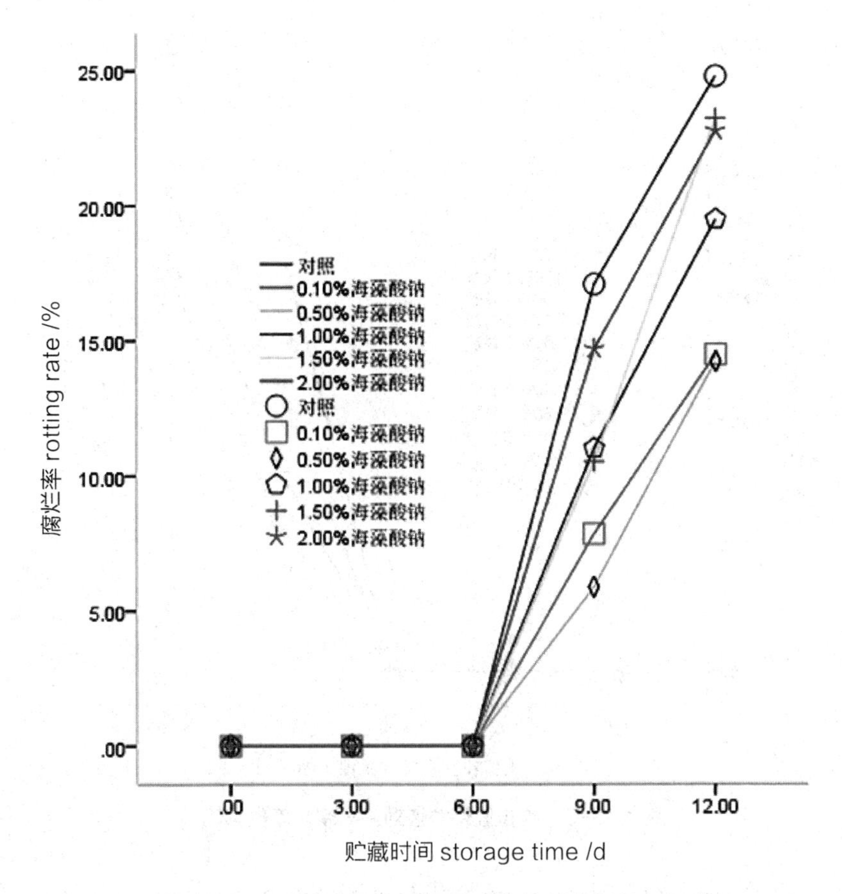

图 1-3-6　海藻酸钠保鲜液对生姜腐烂率的影响

Fig. 1-3-6　effect of sodium alginate fresh-keeping solution on rotting rate of ginger

3.2.3 不同浓度的卡拉胶对生姜腐烂率的影响

从图 1-3-7 来看，随着保藏时间的延长，生姜切片从第 6 天开始腐烂，至第 12 天时，腐烂率达到最高，最高的可达到 25% 左右。其中，经过卡拉胶保鲜液的处理与对照相比，明显降低了生姜切片的腐烂率，其中 0.60% 卡拉胶的效果尤为显著，在第 12 天时，0.60% 卡拉胶的腐烂率（15.78%）与其他组相比较最低，结果表明，卡拉胶能抑制生姜切片的腐烂，且以 0.60% 卡拉胶处理的抑菌效果最好。

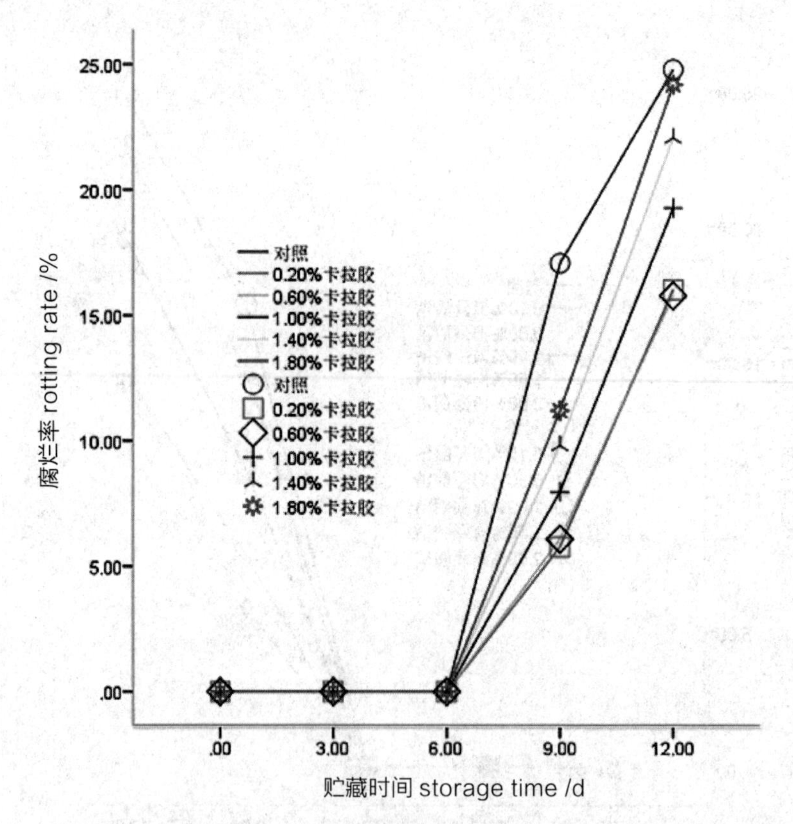

图 1-3-7 卡拉胶保鲜液对生姜腐烂率的影响

Fig. 1-3-7 effect of carrageenan fresh-keeping liquid on rotting rate of ginger

3.2.4 不同浓度明胶对生姜腐烂率的影响

从图 1-3-8 来看，随着保藏时间的延长，生姜切片从第 6 天开始腐烂，至第 12 天时，腐烂率达到最高，最高的可达到 25% 左右。其中，经过明胶保鲜液的处理与对照相比，明显降低了生姜切片的腐烂率，其中1%明胶的效果尤为显著，在第12天时，1%明胶的腐烂率（7.38%）与其他组相比较最低，结果表明，明胶能抑制生姜切片的腐烂，且以1%明胶处理的抑菌效果最好。

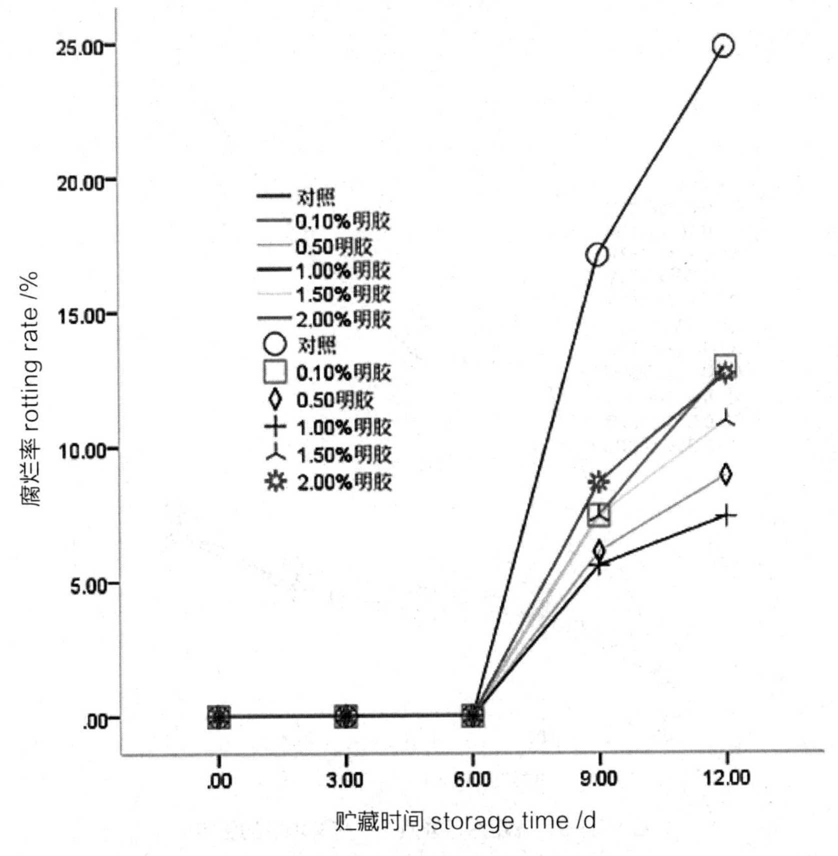

图 1-3-8　明胶保鲜液对生姜腐烂率的影响

Fig. 1-3-8　effect of gelatin fresh-keeping liquid on rotting rate of ginger

3.3 不同保鲜液对生姜失水率的影响

3.3.1 不同浓度的蔗糖酯对生姜失水率的影响

从图1-3-9中可以看出，在第0~3天的时候，对照组的失水率显著上升，相对于经过蔗糖酯处理组，上升速率更快，随着保藏时间的增长，失水率在逐渐增大，尤其以对照组在第12天时达到了最大，最大可达1.95%，经过处理的生姜切片的失水率明显低于对照组，表明蔗糖酯保鲜液可明显地降低生姜的失水率，其中，以 0.15% 蔗糖酯的效果更佳，在第 12 天时，其失水率为 0.46%，与其他处理组相比，明显更低，表明 0.15% 蔗糖酯更好。

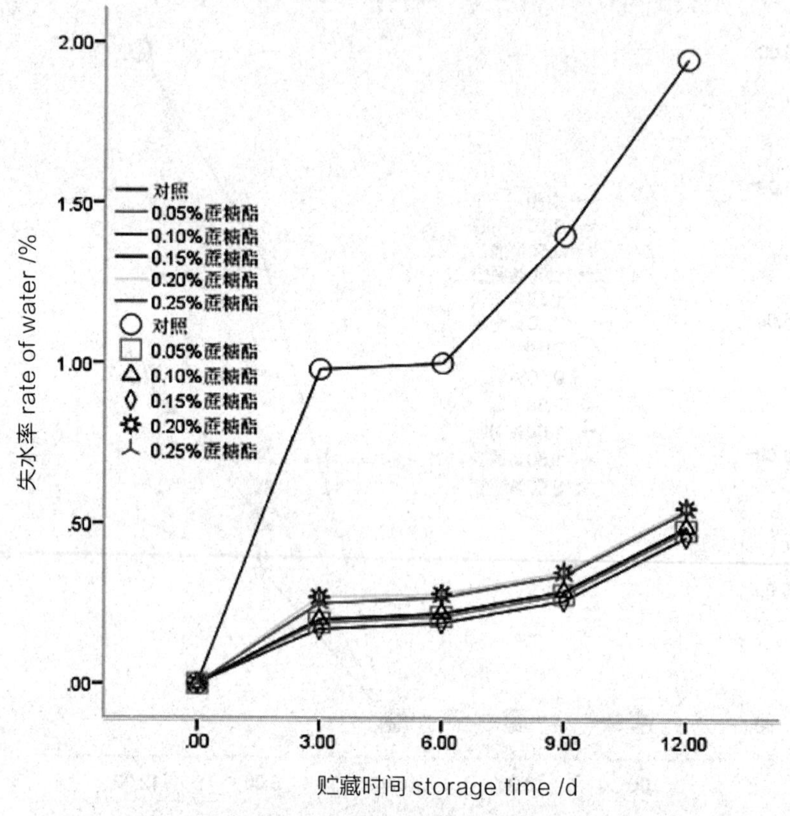

图 1-3-9　蔗糖酯保鲜液对生姜失水率的影响

Fig. 1-3-9　effect of sucrose ester preservative on water loss rate of ginger

3.3.2 不同浓度的海藻酸钠对生姜失水率的影响

从图 1-3-9 中可以看出，在第 0~3 天的时候，对照组的失水率显著上升，相对于经过海藻酸钠处理组，上升速率更快，随着保藏时间的增长，失水率在逐渐增大，尤其以对照组在第 12 天时达到了最大，最大可达 1.95%，经过处理的生姜切片的失水率明显低于对照组，表明海藻酸钠保鲜液可明显地降低生姜的失水率，其中，以 0.5% 海藻酸钠的效果更佳，在第 12 天时，其失水率为 0.49%，与其他处理组相比，明显更低，表明 0.5% 海藻酸钠更好。

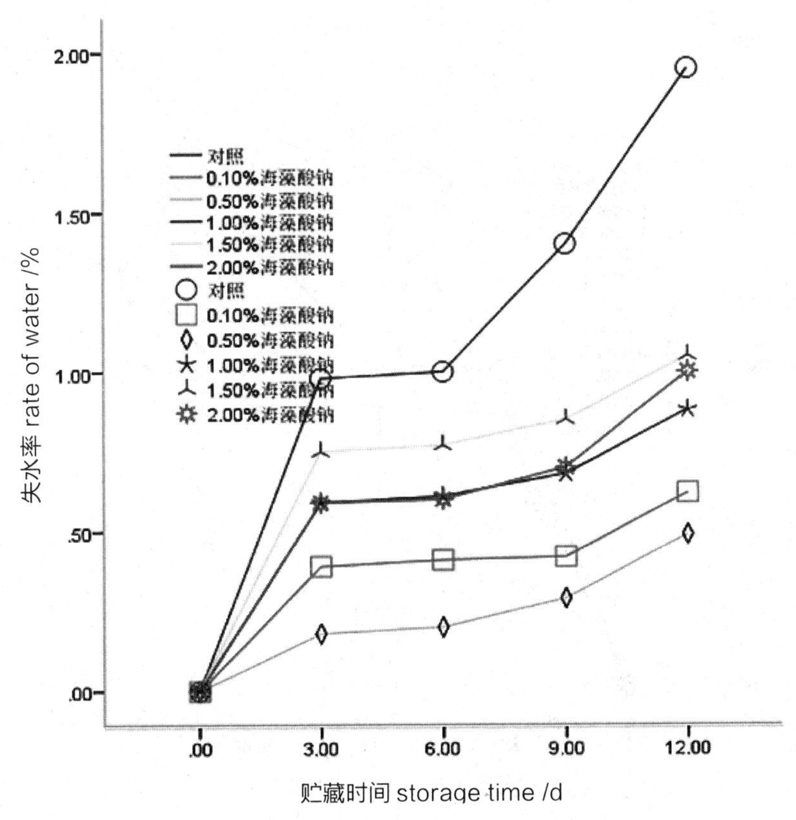

图 1-3-10　海藻酸钠保鲜液对生姜失水率的影响

Fig. 1-3-10　effect of sodium alginate fresh-keeping solution on water loss rate of ginger

3.3.3 不同浓度的卡拉胶对生姜失水率的影响

从图 1-3-11 可以看出，在第 0~3 天的时候，对照组的失水率显著上升，相对于经过卡拉胶处理组，上升速率更快，随着保藏时间的增长，失水率在逐渐增大，尤其以对照组在第 12 天时达到了最大，最大可达 1.95%，经过处理的生姜切片的失水率明显低于对照组，表明卡拉胶保鲜液可明显地降低生姜的失水率，其中，以 0.60% 卡拉胶的效果更佳，在第 12 天时，其失水率为 0.70%，与其他处理组相比，明显更低，表明 0.60% 卡拉胶更好。

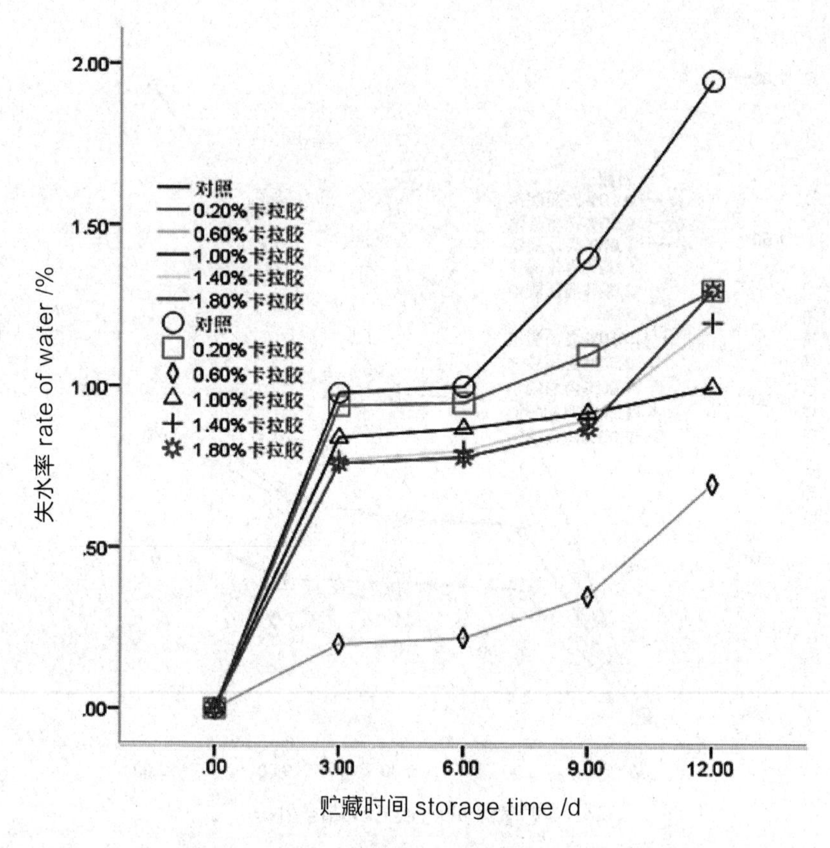

图 1-3-11　卡拉胶保鲜液对生姜失水率的影响

Fig. 1-3-11　effect of carrageenan preservative liquid on water loss rate of ginger

3.3.4 不同浓度的明胶对生姜失水率的影响

从图 1-3-12 中可以看出，在第 0~3 天的时候，对照组的失水率显著上升，相对于经过明胶处理组，上升速率更快，随着保藏时间的增长，失水率在逐渐增大，尤其以对照组在第 12 天时达到了最大，最大可达 1.95%，经过处理的生姜切片的失水率明显低于对照组，表明明胶保鲜液可明显地降低生姜的失水率，其中，以 1.00% 海藻酸钠的效果更佳，在第 12 天时，其失水率为 0.35%，与其他处理组相比，明显更低，表明 1.00% 明胶更好。

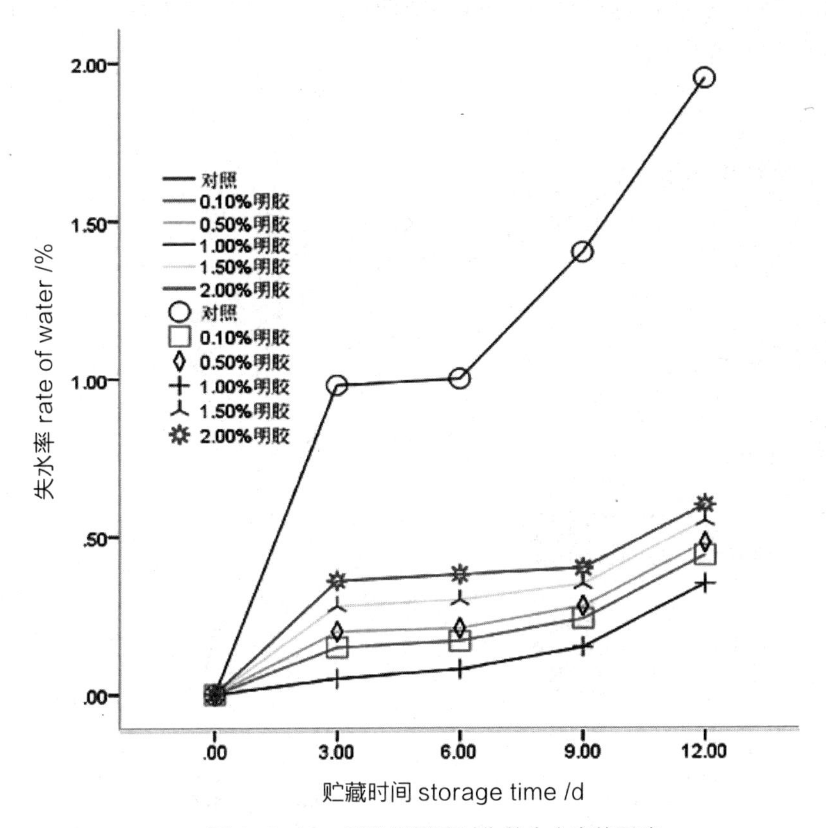

图 1-3-12 明胶保鲜液对生姜失水率的影响

Fig. 1-3-12 effect of carrageenan preservative liquid on water loss rate of ginger

3.4 不同保鲜液对生姜硬度的影响

3.4.1 不同浓度蔗糖酯对生姜硬度的影响

从图 1-3-13 中可以看出，在第 0~3 天中，不论是对照组还是处理组，生姜切片的硬度都随着时间的增加而降低，其中，对照组的生姜切片的硬度下降速率更快，很明显处理组的下降速率低于对照组，表明蔗糖酯保鲜液对生姜切片的硬度降低有一定的防止作用。处理组中，0.15% 蔗糖酯保鲜液处理的生姜切片的硬度降低速率更低。在第 3~12 天中，随着保藏天数的增加，生姜切片的硬度在降低，其中，在第 12 天时，生姜切片的硬度降到最低，最低可为 990，而处理组中 0.15% 蔗糖酯保鲜液的生姜硬度则为 1 345，并且处理组的硬度都比对照组的高，表明蔗糖酯对生姜切片的降低具有一定的防止作用，并且 0.15% 蔗糖酯保鲜液的效果最好。

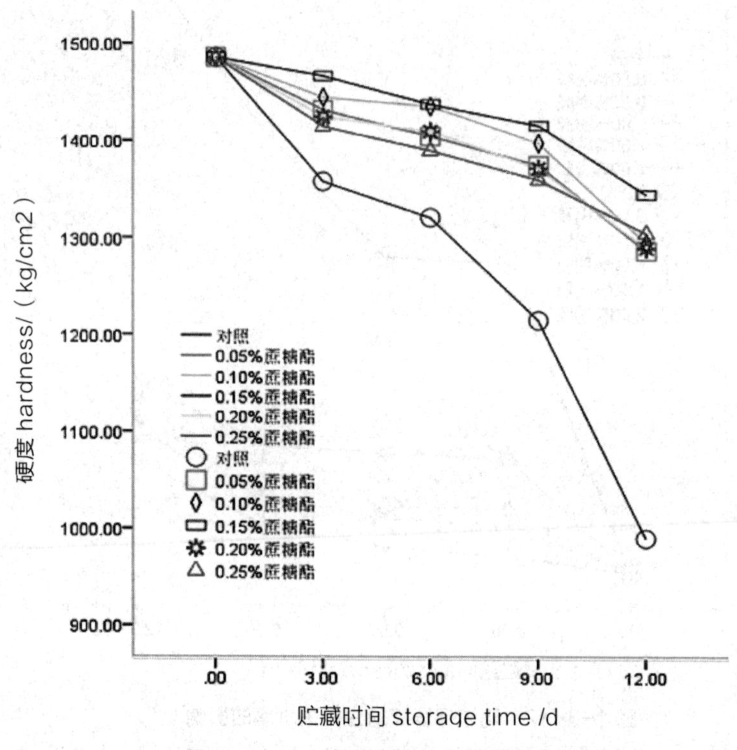

图 1-3-13 蔗糖酯保鲜液对生姜硬度的影响

Fig. 1-3-13 effect of sucrose ester fresh-keeping solution on hardness of ginger

3.4.2 不同浓度的海藻酸钠对生姜硬度的影响

从图 1-3-14 中可以看出，在第 0~3 天中，不论是对照组还是处理组，生姜切片的硬度都随着时间的增加而降低，其中，对照组的生姜切片的硬度下降速率更快，很明显处理组的下降速率低于对照组，表明海藻酸钠保鲜液对生姜切片的硬度降低有一定的防止作用。处理组中，0.50% 海藻酸钠保鲜液处理的生姜切片的硬度降低速率更低。在第 3~12 天中，随着保藏天数的增加[17]，生姜切片的硬度在降低，其中，在第 12 天时，生姜切片的硬度降到最低，最低可为 990，而处理组中 0.50% 海藻酸钠保鲜液的生姜硬度则为 1 340，并且处理组的硬度都比对照组的高，表明海藻酸钠保鲜液对生姜切片的降低具有一定的防止作用，并且 0.50% 海藻酸钠保鲜液的效果最好。

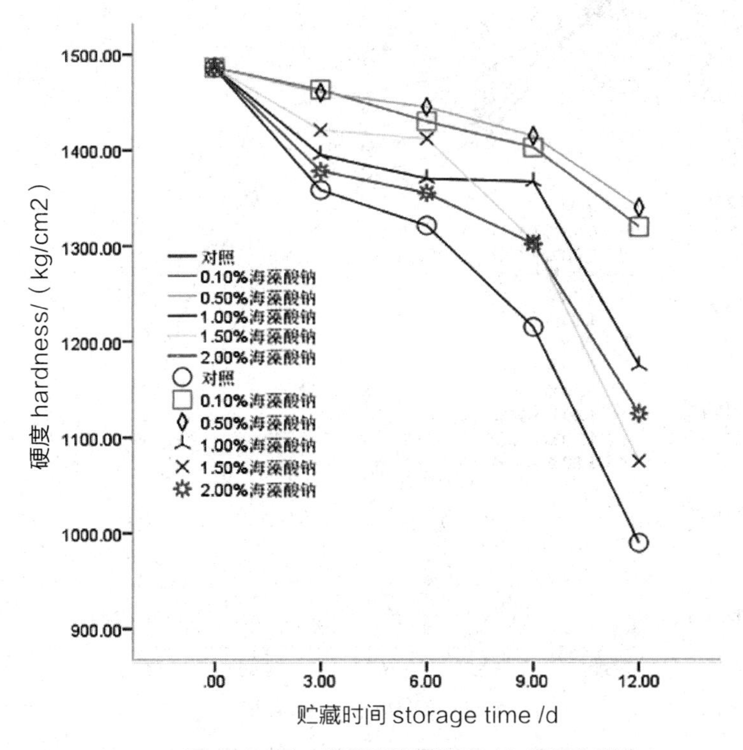

图 1-3-14　海藻酸钠保鲜液对生姜硬度的影响

Fig. 1-3-14　effect of sodium alginatc prcscrvativc on the hardness of ginger

3.4.3 不同浓度的卡拉胶对生姜硬度的影响

从图 1-3-15 中可以看出，在第 0~3 天中，不论是对照组还是处理组，生姜切片的硬度都随着时间的增加而降低，其中，对照组的生姜切片的硬度下降速率更快，很明显处理组的下降速率低于对照组，表明卡拉胶保鲜液对生姜切片的硬度降低有一定的防止作用。处理组中，0.60% 卡拉胶保鲜液处理的生姜切片的硬度降低速率更低。在第 3~12 天中，随着保藏天数的增加，生姜切片的硬度在降低，其中，在第 12 天时，生姜切片的硬度降到最低，最低可为 990，而处理组中 0.60% 卡拉胶保鲜液的生姜硬度则为 1 275，并且处理组的硬度都比对照组的高，表明卡拉胶保鲜液对生姜切片的降低具有一定的防止作用，并且

0.60% 卡拉胶保鲜液的效果最好。

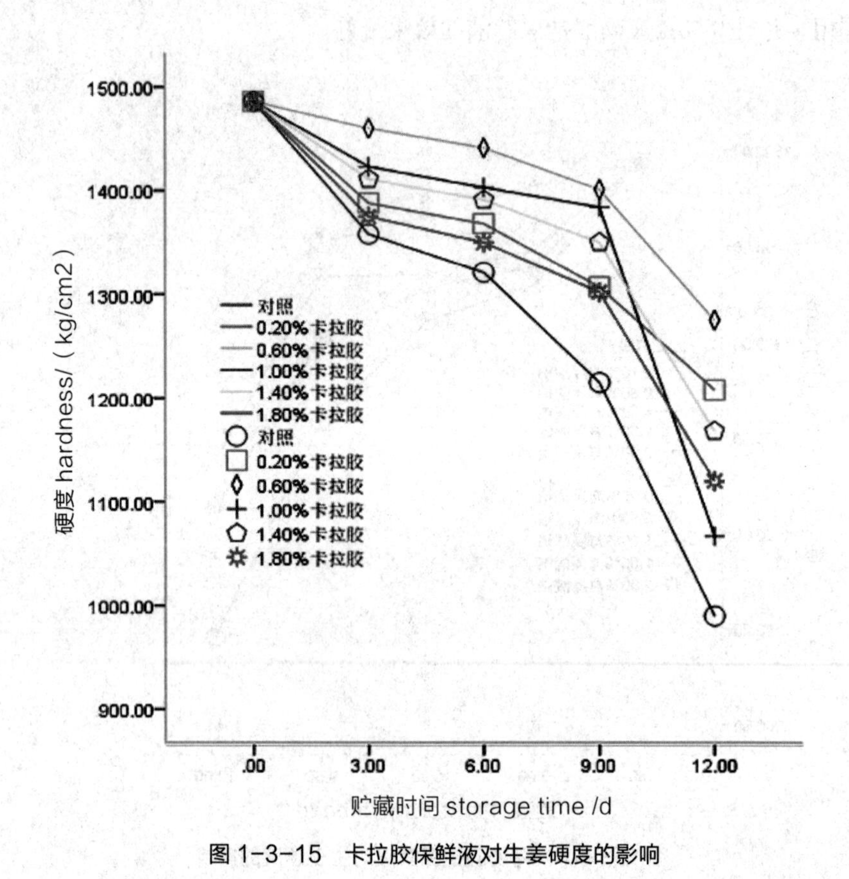

图 1-3-15　卡拉胶保鲜液对生姜硬度的影响

Fig. 1-3-15　effect of carrageenan solution on hardness of ginger

3.4.4 不同浓度的明胶对生姜硬度的影响

从图 1-3-16 中可以看出，在第 0~3 天中，不论是对照组还是处理组，生姜切片的硬度都随着时间的增加而降低，其中，对照组的生姜切片的硬度下降速率更快，很明显处理组的下降速率低于对照组，表明明胶保鲜液对生姜切片的硬度降低有一定的防止作用。处理组中，1.00% 明胶保鲜液处理的生姜切片的硬度降低速率更低。在第 3~12 天中，随着保藏天数的增加，生姜切片的硬度在降低，其中，在第 12 天时，生姜切片的硬度降到最低，最低可为 990，而处理组中 1.00% 明胶保鲜液的生姜硬度则为 1 385，并且处理组的硬度都比对照组的高，表明明胶保鲜液对生姜切片的降低具有一定的防止作用[18]，并且 1.00%

明胶保鲜液的效果最好。

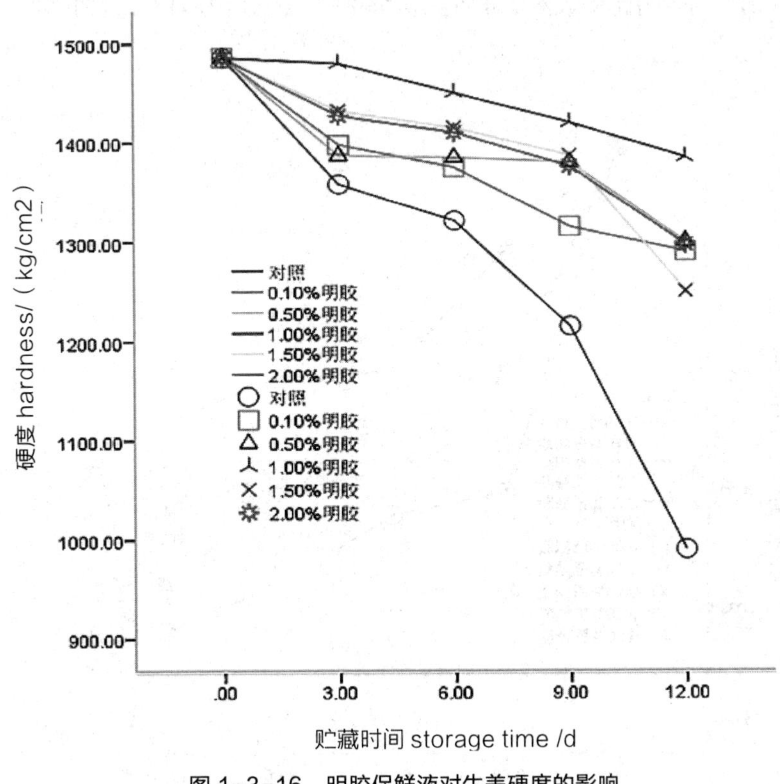

图 1-3-16 明胶保鲜液对生姜硬度的影响

Fig. 1-3-16 effect of gelatin preservative on hardness of ginger

3.5 不同保鲜液对生姜可溶性固形物含量的影响

3.5.1 不同浓度的蔗糖酯对生姜可溶性固形物含量的影响

从图 1-3-17 中可以看出，在第 0 天到第 3 天的时候，很显然，不管是对照组还是处理组，它们的可溶性固形物的含量都在降低，并且对照组的生姜切片的可溶性固形物的含量的下降速率最大，显而易见，处理组的生姜切片的可溶性固形物含量下降速率低于对照组，表明蔗糖酯能够抑制生姜切片的可溶性固形物含量的降低速率，然而在第 3~12 天的时候，对照组和处理组的生姜切片的可溶性固形物含量都随着保藏时间的增加而降低，在第 12 天时，生姜的可溶性固形物的含量降到最低，对照组的最低，可为 2.80%，而处理中的 0.15% 蔗糖酯的可溶性固形物含量在第 12 天时，相对于其他含量最高，为 4.60%。结果说明了 0.15% 蔗糖酯保鲜液对鲜切生姜切片的可溶性固形物含量的降低的抑制效果最好。

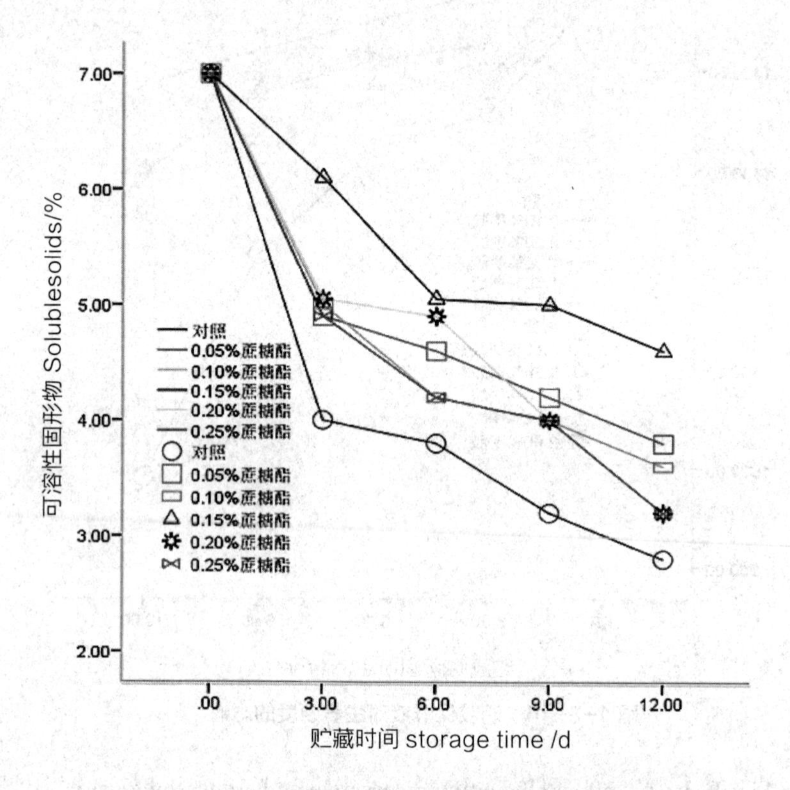

图 1-3-17 蔗糖酯保鲜液对生姜可溶性固形物含量的影响

Fig. 1-3-17 effect of sucrose ester fresh-keeping solution on soluble solids content of ginger

3.5.2 不同浓度的海藻酸钠对生姜可溶性固形物含量的影响

从图 1-3-18 中可以看出，在第 0~3 天时，对照组和处理组的可溶性固形物含量都在下降，对照组的生姜切片的可溶性固形物的含量的下降速率最高，显而易见，处理组的生姜切片的可溶性固形物含量下降速率低于对照组，表明海藻酸钠能够抑制生姜切片的可溶性固形物含量的降低速率，在第 3~12 天时，对照组和处理组的生姜切片的可溶性固形物含量都随着保藏时间的增加而降低，在第 12 天时，生姜的可溶性固形物的含量降到最低，对照组的最低，可为

2.80%，而处理中的 0.50% 海藻酸钠的可溶性固形物含量在第 12 天时，相对于其他含量最高，为 3.60%。结果表明 0.50% 海藻酸钠保鲜液对生姜切片的可溶性固形物含量降低的抑制效果最好。

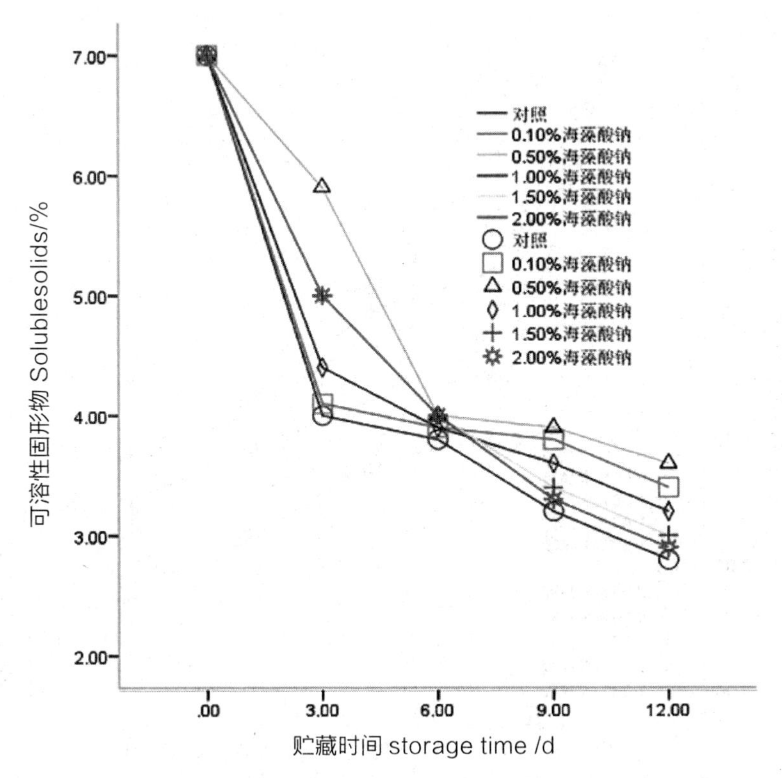

图 1-3-18　海藻酸钠保鲜液对生姜可溶性固形物含量的影响

Fig. 1-3-18　effect of sodium alginate fresh-keeping solution on soluble solids content of ginger

3.5.3 不同浓度的卡拉胶对生姜可溶性固形物含量的影响

从图 1-3-19 中可以看出，在第 0~3 天时，对照组和处理组的可溶性固形物含量都在下降，对照组的生姜切片的可溶性固形物的含量的下降速率最高，显而易见，处理组的生姜切片的可溶性固形物含量下降速率低于对照组，表明卡拉胶能够抑制生姜切片的可溶性固形物含量的降低速率，在第 3~12 天时，对照组和处理组的生姜切片的可溶性固形物含量都随着保藏时间的增加而降低，在第 12 天时，生姜的可溶性固形物的含量降到最低，对照组的最低，可为

2.80%，而处理中的 0.60% 卡拉胶的可溶性固形物含量在第 12 天时，相对于其他含量最高，为 4.50%。结果表明 0.60% 卡拉胶保鲜液对生姜切片的可溶性固形物含量降低的抑制效果最好。

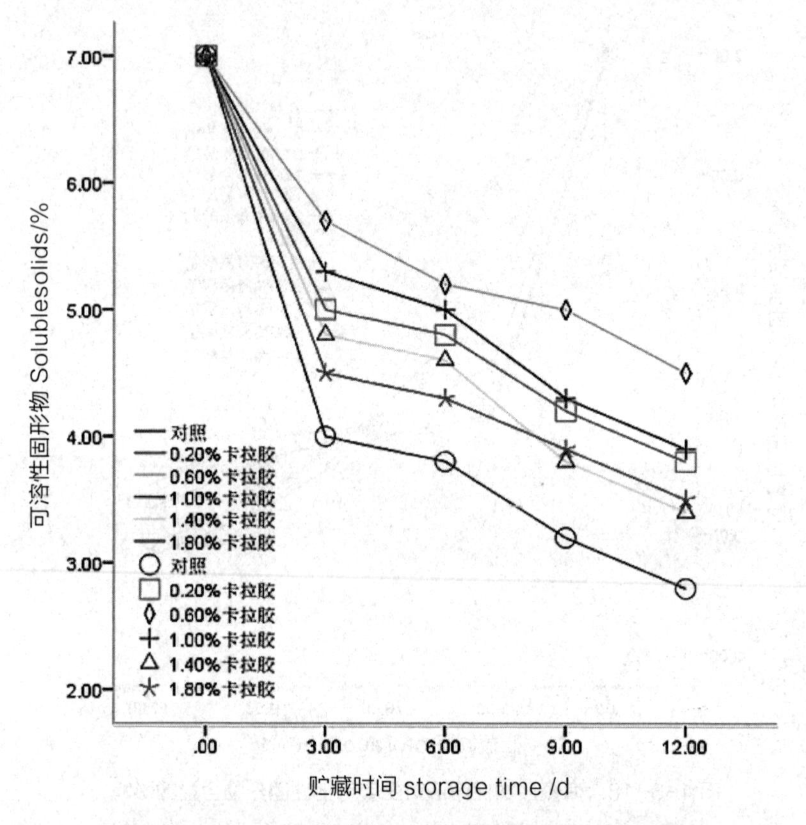

图 1-3-19　卡拉胶保鲜液对生姜可溶性固形物含量的影响

Fig. 1-3-19　effect of carrageenan on solids content of ginger

3.5.4 不同浓度的明胶对生姜可溶性固形物含量的影响

从图 1-3-20 中可以看出，在第 0~3 天时，对照组和处理组的可溶性固形物含量都在下降，对照组的生姜切片的可溶性固形物的含量的下降速率最高，显而易见，处理组的生姜切片的可溶性固形物含量下降速率低于对照组，表明明胶能够抑制生姜切片的可溶性固形物含量的降低速率，在第 3~12 天时，对照组和处理组的生姜切片的可溶性固形物含量都随着保藏时间的增加而降低，在第 12 天时，生姜的可溶性固形物的含量降到最低，对照组的最低，可为 2.80%，而处理中的1.00%明胶的可溶性固形物含量在第12天时，相对于其他含量最高，为4.70%。结果表明1.00%明胶保鲜液对生姜切片的可溶性固形物含量降低的抑制效果最好。

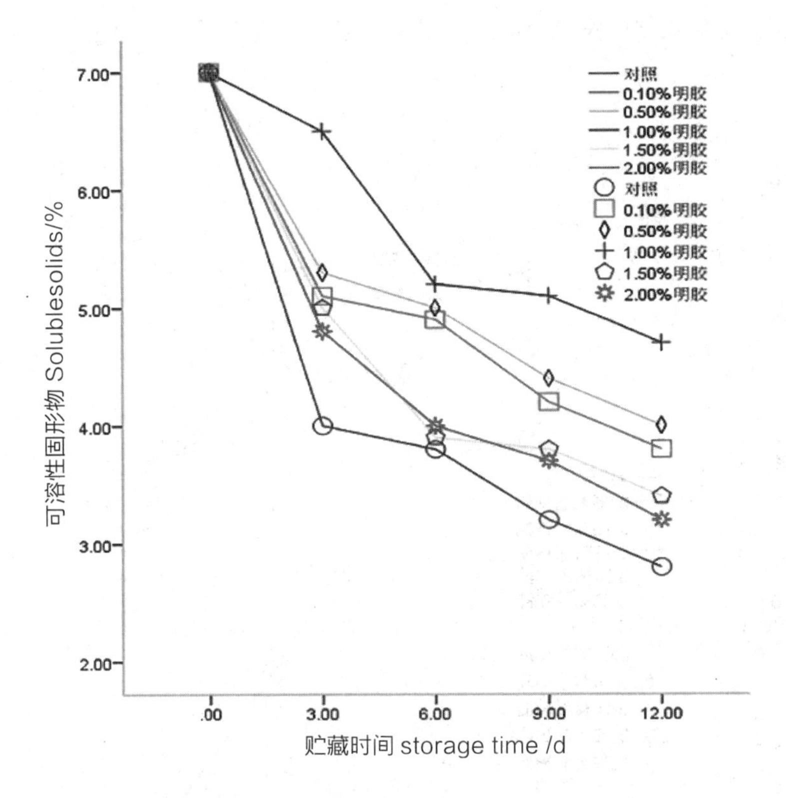

图 1-3-20　明胶保鲜液对生姜可溶性固形物含量的影响

Fig. 1-3-20　effect of of gelatin preservative sglution on the content of soluble solids in ginger

3.6 不同保鲜液对生姜姜辣素含量的影响

3.6.1 不同浓度的蔗糖酯对生姜姜辣素含量的影响

从图1-3-21中可以看出，在第0~3天时，对照组和处理组的生姜姜辣素含量都随着保藏时间的增加而降低，而对照组的生姜姜辣素含量的降低速率最快，处理组的降低速率明显低于对照组，表明蔗糖酯对生姜姜辣素含量的降低有一定的抑制作用。在第3~12天时，随着保藏天数的增加，对照组和处理组的生姜姜辣素含量呈现出持续下降的趋势，并且对照组在第 12 天时生姜姜辣素含量降到最低，可为 1.05%，而处理组的生姜姜辣素含量在第 12 天时，明显高于对照组，并且 0.15% 蔗糖酯处理的生姜姜辣素含量相对于其他，含量最高，为 1.67%，结果表明 0.15% 蔗糖酯保鲜液对生姜姜辣素含量的降低速率有一定的作用。

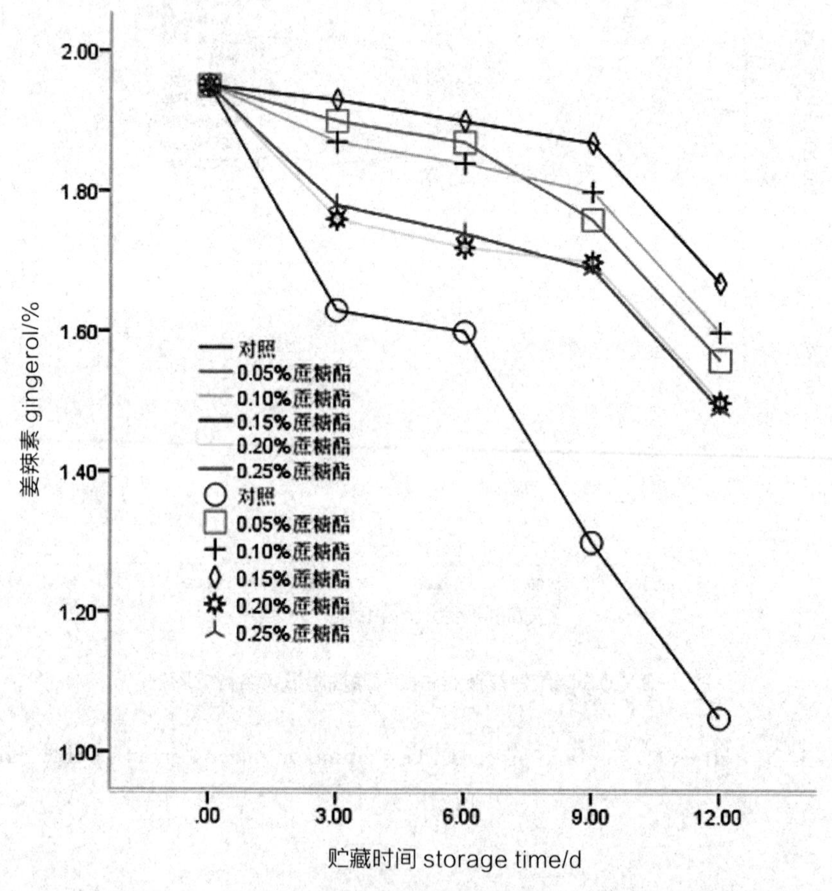

图 1-3-21　蔗糖酯保鲜液对生姜姜辣素含量的影响

Fig. 1-3-21　the effect of sucrose ester fresh-keeping solution on ginger gingerol content

3.6.2 不同浓度的海藻酸钠对生姜姜辣素含量的影响

从图 1-3-22 中可以看出，在第 0~3 天时，对照组和处理组的生姜姜辣素含量都随着保藏时间的增加而降低，而对照组的生姜姜辣素含量的降低速率最快，处理组的降低速率明显低于对照组，表明海藻酸钠对生姜姜辣素含量的降低有一定的抑制作用。在第 3~12 天时，随着保藏天数的增加，对照组和处理组的生姜姜辣素含量呈现出持续下降的趋势，并且对照组在第 12 天时生姜姜辣素含量降到最低，可为 1.05%，而处理组的生姜姜辣素含量在 12 天时，明显高于对照组，并且 0.50% 海藻酸钠处理的生姜姜辣素含量相对于其他，含量最高，为 1.62%，结果表明 0.50% 海藻酸钠保鲜液对生姜姜辣素含量的降低速率有一定的抑制作用。

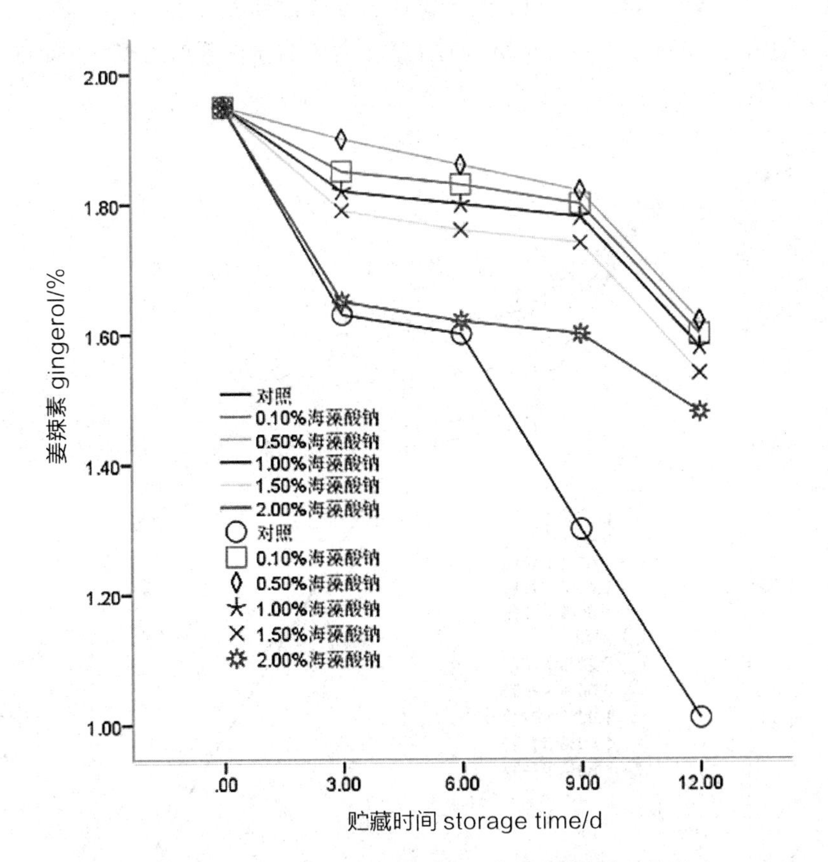

图 1-3-22　海藻酸钠保鲜液对生姜姜辣素含量的影响

Fig. 1-3-22　the effect of sodium alginate fresh-keeping solution on the content of ginger and ginger

3.6.3 不同浓度的卡拉胶对生姜姜辣素含量的影响

从图 1-3-23 中可以看出，在第 0~3 天时，对照组和处理组的生姜姜辣素含量都随着保藏时间的增加而降低，而对照组的生姜姜辣素含量的降低速率最快，处理组的降低速率明显低于对照组，表明卡拉胶对生姜姜辣素含量的降低有一定的抑制作用。在第 3~12 天时，随着保藏天数的增加，对照组和处理组的生姜姜辣素含量呈现出持续下降的趋势，并且对照组在第 12 天时生姜姜辣素含量降到最低，可为 1.05%，而处理组的生姜姜辣素含量在 12 天时，明显高于对照组，并且 0.60% 卡拉胶处理的生姜姜辣素含量相对于其他，含量最高，为 1.54%，结果表明 0.60% 卡拉胶保鲜液对生姜姜辣素含量的降低速率有一定的抵制作用。

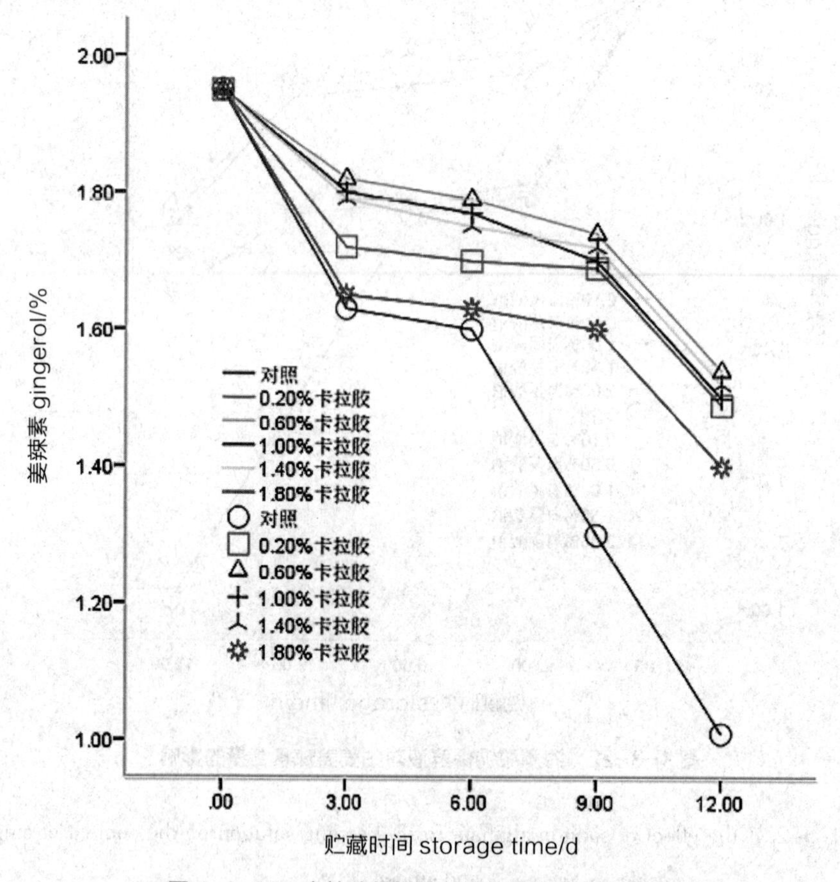

图 1-3-23 卡拉胶保鲜液对生姜姜辣素含量的影响

Fig. 1-3-23 effect of carrageenan on ginger and ginger content

3.6.4 不同浓度的明胶对生姜姜辣素含量的影响

从图 1–3–24 中可以看出，在第 0~3 天时，对照组和处理组的生姜姜辣素含量都随着保藏时间的增加而降低，而对照组的生姜姜辣素含量的降低速率最快，处理组的降低速率明显低于对照组，表明明胶对生姜姜辣素含量的降低有一定的抑制作用。在第 3~12 天时，随着保藏天数的增加，对照组和处理组的生姜姜辣素含量呈现出持续下降的趋势，并且对照组在第 12 天时生姜姜辣素含量降到最低，可为 1.05%，而处理组的生姜姜辣素含量在 12 天时，明显高于对照组，并且 1.00% 明胶处理的生姜姜辣素含量相对于其他，含量最高，为 1.70%，结果表明 1.00% 明胶保鲜液对生姜姜辣素含量的降低速率有一定的抑制作用。

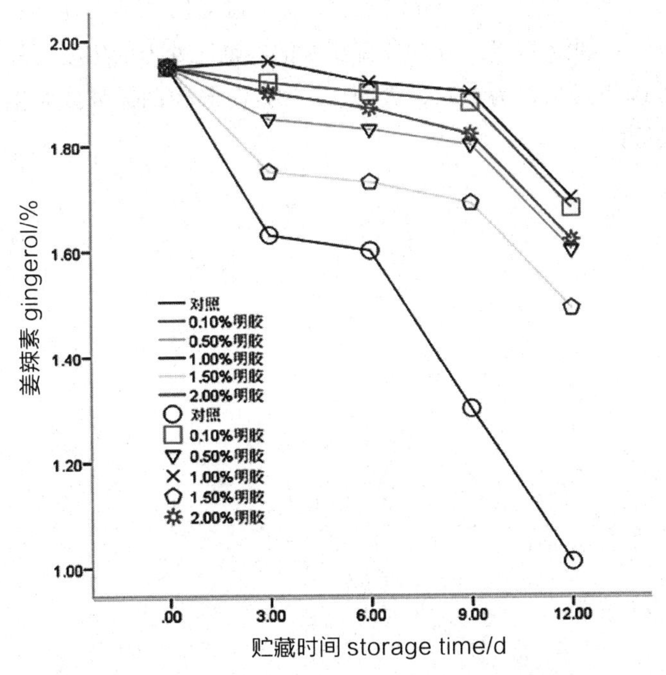

图 1–3–24　明胶保鲜液对生姜姜辣素含量的影响

Fig. 1–3–24　the effect of gelatin preservative on the content of ginger and ginger

3.7 不同保鲜液对生姜切片色差的影响

色差是衡量一切物质质量的好坏以及腐败的程度，本文通过测量生姜切片的色差，具体表现为测生姜切片的 L，a，b 值，L 值代表的是生姜切片的亮度，它的值越大，表明生姜切片的亮度越大，表 1-3-1 表示的是各种保鲜液下的生姜切片的 L，a，b 值。

3.7.1 不同浓度的海藻酸钠对生姜切片色差的影响

从表 1-3-1 来看，在保藏第 0 天的时候，由于刚用海藻酸钠保鲜液浸泡，所测得的生姜切片的 L，a，b 值与对照组差异不大。随着生姜切片的保藏时间逐渐增加，不管是处理组还是对照组，其生姜切片的 L 值都越来越小，表明生姜切片的颜色越来越暗，但是处理组的 L 值始终大于对照组，表明在保藏期间，海藻酸钠保鲜液能够延迟生姜切片的褐变，而且随着时间的增加，$\triangle E$ 值大致有增加的趋势，直到第 12 天，0.50% 海藻酸钠保鲜液处理的生姜切片的 $\triangle E$ 值相对于其他处理组最低，为 7.74，表明，0.50% 海藻酸钠保鲜液对生姜切片的褐变延迟效果最好。

表1-3-1　不同浓度的海藻酸钠对生姜切片色差的影响

		保藏第 0 天时生姜切片的色差				保藏第 3 天时生姜切片的色差			
		L	*a*	*b*	△ *E*	*L*	*a*	*b*	△ *E*
	对照	71.09	3.24	47.38	–	68.50	2.85	41.95	–
海藻酸钠浓度（%）	0.10	70.00	3.02	47.69	1.15	70.85	3.23	44.74	3.67
	1.00	70.00	3.10	47.00	1.17	70.82	3.22	44.50	3.47
	0.50	70.80	3.22	46.00	1.71	70.75	3.18	44.15	3.16
	1.50	70.00	3.20	47.00	1.16	70.80	3.20	44.20	3.24
	2.00	69.00	3.19	47.10	2.11	70.87	3.23	44.76	3.70

		保藏第 6 天时生姜切片的色差				保藏第 9 天时生姜切片的色差				保藏第 12 天时生姜切片的色差			
		L	*a*	*b*	△ *E*	*L*	*a*	*b*	△ *E*	*L*	*a*	*b*	△ *E*
	对照	60.00	2.34	38.51	–	42.35	2.00	35.00	–	35.00	1.50	30.00	–
海藻酸钠浓度（%）	0.10	65.58	2.50	40.00	5.78	54.25	2.32	37.60	12.18	44.80	2.28	35.90	11.46
	1.00	65.50	2.49	39.80	5.65	54.20	2.31	37.40	12.09	45.00	2.48	36.80	12.13
	0.50	64.50	2.65	39.80	4.69	54.00	2.29	37.30	11.88	40.00	2.30	35.85	7.74
	1.50	64.58	2.75	40.00	4.83	55.35	2.50	38.00	13.35	39.60	2.28	36.50	8.00
	2.00	67.75	2.87	40.35	7.98	54.25	2.27	37.50	12.16	40.00	2.26	36.00	7.85

3.7.2 不同浓度的卡拉胶对生姜切片色差的影响

从表 1-3-2 来看，在保藏第 0 天的时候，由于刚用卡拉胶保鲜液浸泡，所测得的生姜切片的 L，a，b 值与对照组差异不大。随着生姜切片的保藏时间逐渐增加，不管是处理组还是对照组，其生姜切片的 L 值都越来越小，表明生姜切片的颜色越来越暗，但是处理组的 L 值始终大于对照组，表明在保藏期间，卡拉胶保鲜液能够延迟生姜切片的褐变，而且随着时间的增加，ΔE 值大致有增加的趋势，直到第 12 天，0.6% 卡拉胶保鲜液处理的生姜切片的 ΔE 值相对于其他处理组最低，为 9.19，表明，0.6% 卡拉胶对生姜切片的褐变延迟效果最好。

表1-3-2　不同浓度的卡拉胶对生姜切片色差的影响

		保藏第 0 天时生姜切片的色差				保藏第 3 天时生姜切片的色差			
		L	a	b	$\triangle E$	L	a	b	$\triangle E$
	对照	71.09	3.24	47.38	–	68.50	2.85	41.95	–
卡拉胶浓度（%）	0.20	70.00	3.23	47.00	1.15	69.90	3.20	44.75	3.15
	1.00	70.00	3.22	47.80	1.16	70.25	3.05	42.30	1.80
	0.60	71.00	3.24	46.00	1.38	69.75	3.01	43.20	1.77
	1.40	70.90	3.20	48.00	1.17	70.95	3.23	45.86	4.63
	1.80	70.00	3.12	47.30	1.09	70.00	2.90	42.00	1.50

		保藏第 6 天时生姜切片的色差				保藏第 9 天时生姜切片的色差				保藏第 12 天时生姜切片的色差			
		L	a	b	$\triangle E$	L	a	b	$\triangle E$	L	a	b	$\triangle E$
	对照	60.00	2.34	38.51	–	42.35	2.00	35.00	–	35.00	1.50	30.00	–
卡拉胶浓度（%）	0.20	67.20	2.35	40.00	7.35	59.49	2.75	37.68	17.36	43.95	2.29	35.00	10.28
	1.00	67.00	2.30	39.80	7.12	45.70	2.28	37.80	4.38	45.98	2.50	37.00	13.06
	0.60	64.00	2.30	40.00	4.27	45.80	2.30	37.00	4.00	42.00	2.27	35.90	9.19
	1.40	65.00	2.00	39.50	5.11	45.80	2.26	37.90	4.51	44.30	2.27	35.90	11.04
	1.80	68.23	2.95	40.75	8.54	45.50	2.24	37.50	4.03	43.99	2.25	35.55	10.59

3.7.3 不同浓度的明胶对生姜切片色差的影响

从表 1-3-3 来看，在保藏第 0 天的时候，由于刚用明胶保鲜液浸泡，所测得的生姜切片的 L，a，b 值与对照组差异不大。随着生姜切片的保藏时间逐渐增加，不管是处理组还是对照组，其生姜切片的 L 值都越来越小，表明生姜切片的颜色越来越暗，但是处理组的 L 值始终大于对照组，表明在保藏期间，明胶保鲜液能够延迟生姜切片的褐变，而且随着时间的增加，ΔE 值大致有增加的趋势，直到第 12 天，1.00% 明胶保鲜液处理的生姜切片的 ΔE 值相对于其他处理组最低，为 6.95，表明，1.00% 明胶对生姜切片的褐变延迟效果最好。

表1-3-3　不同浓度的明胶对生姜切片色差的影响

		保藏第 0 天时生姜切片的色差				保藏第 3 天时生姜切片的色差			
		L	*a*	*b*	△ *E*	*L*	*a*	*b*	△ *E*
	对照	71.09	3.24	47.38	–	68.50	2.85	41.95	–
明胶浓度（%）	0.10	70.50	2.97	46.20	1.85	65.00	3.10	42.20	3.52
	1.00	71.00	2.90	46.00	1.42	66.90	2.90	43.00	1.91
	0.50	70.00	3.20	47.00	1.16	69.50	3.10	44.80	3.03
	1.50	69.89	3.10	47.35	1.21	68.70	2.87	38.50	3.45
	2.00	70.00	2.98	46.00	1.78	68.60	2.90	39.00	2.95

		保藏第 6 天时生姜切片的色差				保藏第 9 天时生姜切片的色差				保藏第 12 天时生姜切片的色差			
		L	*a*	*b*	△ *E*	*L*	*a*	*b*	△ *E*	*L*	*a*	*b*	△ *E*
	对照	60.00	2.34	38.51	–	42.35	2.00	35.00	–	35.00	1.50	30.00	–
明胶浓度（%）	0.10	64.00	2.30	39.00	4.03	49.20	2.20	37.49	7.29	40.00	2.35	35.00	7.12
	1.00	63.00	2.30	38.60	3.00	47.50	2.00	37.00	5.52	40.00	1.99	34.80	6.95
	0.50	64.00	2.31	38.70	4.00	49.00	2.24	37.43	6.94	40.00	2.25	35.10	7.18
	1.50	65.00	2.30	38.90	5.02	48.10	2.20	37.30	6.20	42.90	2.18	35.25	9.51
	2.00	67.70	2.86	40.20	7.9	49.50	2.25	37.50	7.58	43.99	2.39	35.55	10.60

3.7.4 不同浓度的蔗糖酯对生姜切片色差的影响

从表 1–3–4 来看，在保藏第 0 天的时候，由于刚用蔗糖酯保鲜液浸泡，所测得的生姜切片的 L，a，b 值与对照组差异不大。随着生姜切片的保藏时间逐渐增加，不管是处理组还是对照组，其生姜切片的 L 值都越来越小，表明生姜切片的颜色越来越暗，但是处理组的 L 值始终大于对照组，表明在保藏期间，蔗糖酯保鲜液能够延迟生姜切片的褐变，而且随着时间的增加，ΔE 值大致有增加的趋势，直到第 12 天，0.15% 蔗糖酯保鲜液处理的生姜切片的 ΔE 值相对于其他处理组最低，为 7.09，表明，0.15% 蔗糖酯对生姜切片的褐变延迟效果最好。

表1-3-4　不同浓度的蔗糖酯对生姜切片色差的影响

		保藏第 0 天时生姜切片的色差				保藏第 3 天时生姜切片的色差			
		L	*a*	*b*	△ *E*	*L*	*a*	*b*	△ *E*
	对照	71.09	3.24	47.38	–	68.50	2.85	41.95	–
蔗糖酯浓度（%）	0.05	70.00	2.89	46.70	1.33	65.00	3.00	42.30	3.52
	0.15	70.00	3.10	48.00	1.26	69.20	3.00	44.00	2.17
	0.10	71.00	3.05	46.00	1.40	70.20	3.20	44.95	3.47
	0.20	70.80	2.87	45.96	1.50	69.00	2.98	39.00	2.99
	0.25	69.40	2.78	47.00	1.79	66.50	2.87	42.95	2.24

		保藏第 6 天时生姜切片的色差				保藏第 9 天时生姜切片的色差				保藏第 12 天时生姜切片的色差			
		L	*a*	*b*	△ *E*	*L*	*a*	*b*	△ *E*	*L*	*a*	*b*	△ *E*
	对照	60.00	2.34	38.51	–	42.35	2.00	35.00	–	35.00	1.50	30.00	–
蔗糖酯浓度（%）	0.05	65.70	2.40	40.00	5.89	49.80	2.29	37.80	7.96	44.37	2.28	36.00	11.15
	0.15	64.80	2.29	39.80	4.97	48.95	2.00	37.80	7.17	40.00	1.98	35.00	7.09
	0.10	65.00	2.30	40.00	5.29	49.50	2.28	37.70	7.65	44.00	2.26	36.00	10.84
	0.20	67.73	2.86	40.25	7.94	49.45	2.19	37.20	7.44	43.80	2.18	35.90	10.61
	0.25	64.90	2.30	39.90	5.09	50.00	2.30	37.90	8.19	44.58	2.45	36.00	11.34

本次实验讨论了四种不同浓度的保鲜液对鲜切生姜保鲜特性的影响。由以上图形及分析可知，不同浓度的保鲜液对鲜切生姜进行处理，都能够对鲜切生姜起到保鲜作用。而且鲜切生姜在经过不同浓度的保鲜液处理以后，能够减轻鲜切生姜在保藏过程中的褐变，以及质量损失，同时也能够抑制姜辣素含量、腐烂率及维生素 C 含量的减少速率，抑制生姜变软以及生姜可溶性固形物含量的减少速率，从而使生姜切片的品质维持在一个较高的水平上，也能够使鲜切生姜切片的保藏期延长。从保藏的效果来看，质量分数为 1.00% 的明胶保鲜液处理的鲜切生姜，它的保鲜效果最好，质量分数为 0.15% 蔗糖酯保鲜液处理的生姜，保鲜效果次之，而质量分数为 0.60% 的卡拉胶保鲜效果最差。

第四章　不同贮藏温度对生姜品质的影响

本研究采用常温、冷藏及低温贮藏三种不同温度下与各种包材的结合这样的方式对生姜进行保藏处理，考查不同温度生姜贮藏品质的影响，旨在为生姜产业的发展提供技术支撑。

1. 材料与方法

1.1 材料与设备

主材料：生姜，于重庆市永川区卫星湖街道菜市场进行统一采购，主挑选新鲜、大小均一、无虫害、无机械损伤的材料，带到实验室后把生姜进行修整，去柄蒂和残皮，用清水洗净并沥干。LDPE 保鲜袋（无色透明，规格：15cm × 25cm，厚度：0.1mm，厂家：台湾托普企业集团）。

试剂：草酸（分析纯）（成都市科龙化工制剂厂），维生素 C（分析纯）（成都市科龙化工制剂厂），2，6- 二氯靛酚（分析纯）（成都市科龙化工制剂厂），碳酸氢钠（分析纯）（成都市科龙化工制剂厂），高岭土（天津市福晨化工试剂厂）。

仪器：AR2140 型电子天平（梅特勒 - 拓利多仪器上海有限公司），CM-5 型色彩色差仪（日本柯尼卡美能达公司），阿贝折光仪（产品型号：HC-113ATC　制造厂家：南京互川电子有限公司），酸度计 (PHS-3C 型数显酸度计，雷磁分析仪器厂)，TA XT Plus 食品物性测定仪（厂家：英国 Stable Micro Systems 公司），FW100 型万能粉碎机（天津泰斯特公司）。

1.2 实验方法

1.2.1 样品处理

称取约 150g 生姜用 LDPE 保鲜袋包装好，然后在冷藏（4℃），室温（22℃

左右），保鲜柜（12~13℃）三个不同温度条件下贮藏一段时间后按周期观察，每次检测其各项指标，最后画出相对趋势曲线，从而分析其品质变化

1.3 指标测定

1.3.1 腐烂率测定方法

采用直接观测法。每次测定指标时先称重整块生姜，然后将腐烂部分切下称重。

腐烂率 = 腐烂部分 / 总质量 × 100 %

1.3.2 维生素 C 测定方法

采用 2，6- 二氯靛酚滴定法。称取具有代表性的可食用部分 100g 左右，放入打浆机中，加 100mL 草酸，迅速打成匀浆。称 10g 浆状样品，用草酸将样品移入 100mL 容量瓶中，稀释至刻度线后摇匀，按每克样品加 0.4g 白陶土脱色后过滤。然后吸取 10mL 滤液放入 50mL 锥形瓶中，用已标定的 2，6- 二氯靛酚溶液滴定，直至溶液呈粉红色 15s 不褪色为止。同时做空白实验。

$$m=VT/m_0 \times 100$$

式中：m——100g 样品中含维生素 C 的质量，mg；

V——滴定时所用去染料体积，mL；

T——2，6- 二氯靛酚染料能氧化维生素 C 质量数，mg/mL；

m_0——10mL 样液含样品之质量数，g。

1.3.3 色差的测定方法

采用 CM-5 型色彩色差仪，8mm 光圈。随机选取不同温度下的生姜，每块生姜测定表面的三个点，分别测量 L、a、b 值，然后三个点取平均值，得到生姜的 L，a，b 值。

1.3.4 失水率测定方法

采用直接称量法。将每袋姜的初始质量用电子天平称量并贴上标签纸，之后每次取出时再次称量。

失水率 =（初始质量 - 再次称量质量）/ 初始质量 ×100%

1.3.5 硬度的测定方法

采用质构仪，在探头直径为 5.0mm，下压距离为 5.0mm，下压速度为 1.0mm/s 的条件下，以下压到 5.0mm 时受到的力作为硬度。每次测定重复 3 次，取平均值，以减少实验误差。单位为：kg/cm^2。

1.3.6 可溶性固形物的测定方法

采用阿贝折光仪法：在足够的光线条件下，先用蒸馏水调 0 刻度，擦干后将生姜用榨汁机打碎，用胶头滴管将姜液滴在镜面上，重复测定三次，取平均值。

1.3.7 总酸的测定方法

总酸：采用 GBT 12456—2008 食品中总酸的测定中的酸度计法测定。重复测定三次取平均值。

2. 结果与分析

2.1 贮藏温度对腐烂率的影响

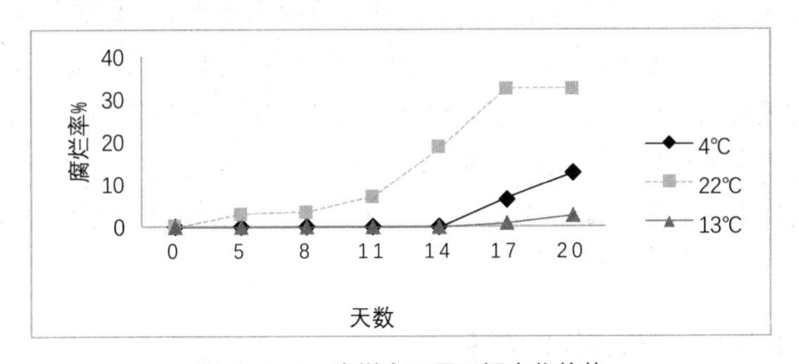

图 1-4-1　腐烂率不同区间变化趋势

腐烂率是最为重要的，影响生姜商品价值，感官价值的一项指标，也是本实验的重点观测指标。由图 1-4-1 中可看出，常温（22℃）下生姜的腐烂速度最快，4℃冷藏的次之，最慢的即为 13℃保鲜柜处理组。腐烂的生姜会发出较为恶心的类似于臭鸡蛋的气味。可能的原因：常温下由于温度在三组中温度最高，所以生姜代谢最快，腐烂最快；13℃的处理由于较贴合生姜的贮藏温度，所以腐烂最慢；4℃处理则由于长时间贮藏后出现冷害，在第 14 天后反而腐烂得较 13℃处理快。

2.2 贮藏温度对维生素 C 的影响

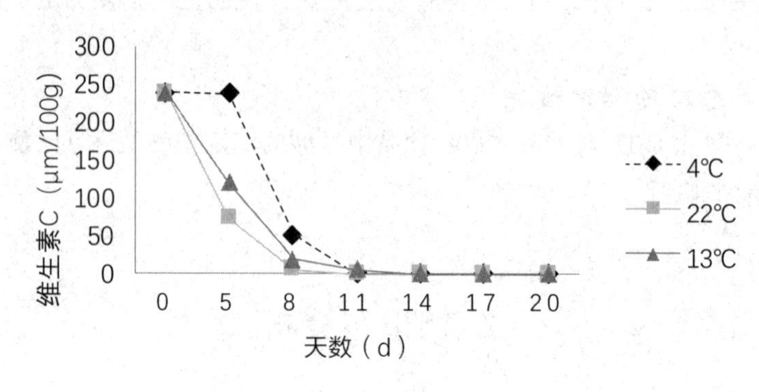

图 1-4-2 维生素 C 变化趋势

维生素 C 是一个医药价值方面的指标。由图 1-4-2 中可以明显看出，在不同温度条件下，生姜随着时间的推移维生素 C 的含量越来越低，第 5 天时在 4℃冰箱中的处理组下降还稍缓，另两组已呈直线下降，但是第 11 天后仅有 13℃保鲜柜中的生姜还保留少量维生素 C，其余已检测不出维生素 C 的存在。可能的原因：常温下，由于是非密闭空间，使维生素 C 接触的氧气比其他两组多，所以常温组维生素 C 含量下降最快。

2.3 贮藏温度对色差的影响

表1-4-1 22℃色泽的变化

贮藏时间	L^*	a^*	b^*
第 0 天	60.54 ± 0.5	–0.53 ± 0.5	15.35 ± 0.5
第 5 天	55.00 ± 0.5	1.20 ± 0.5	19.11 ± 0.5
第 8 天	53.42 ± 0.5	3.96 ± 0.5	25.56 ± 0.5
第 11 天	52.46 ± 0.5	2.67 ± 0.5	17.97 ± 0.5
第 14 天	50.03 ± 0.5	3.04 ± 0.5	20.89 ± 0.5
第 17 天	48.67 ± 0.5	3.48 ± 0.5	19.29 ± 0.5
第 20 天	44.15 ± 0.5	4.19 ± 0.5	21.54 ± 0.5

表1-4-2　13℃色泽的变化

贮藏时间	L^*	a^*	b^*
第 0 天	60.54 ± 0.5	−0.53 ± 0.5	15.35 ± 0.5
第 5 天	58.23 ± 0.5	2.91 ± 0.5	20.33 ± 0.5
第 8 天	47.01 ± 0.5	3.34 ± 0.5	21.06 ± 0.5
第 11 天	52.56 ± 0.5	2.58 ± 0.5	21.98 ± 0.5
第 14 天	60.08 ± 0.5	2.45 ± 0.5	21.64 ± 0.5
第 17 天	61.29 ± 0.5	1.98 ± 0.5	18.92 ± 0.5
第 20 天	59.37 ± 0.5	1.69 ± 0.5	21.03 ± 0.5

表1-4-3　4℃色泽的变化

贮藏时间	L^*	a^*	b^*
第 0 天	60.54 ± 0.5	−0.53 ± 0.5	15.35 ± 0.5
第 5 天	59.48 ± 0.5	1.70 ± 0.5	19.33 ± 0.5
第 8 天	53.61 ± 0.5	4.87 ± 0.5	22.01 ± 0.5
第 11 天	50.09 ± 0.5	2.90 ± 0.5	19.91 ± 0.5
第 14 天	55.03 ± 0.5	3.49 ± 0.5	21.66 ± 0.5
第 17 天	58.39 ± 0.5	3.11 ± 0.5	23.31 ± 0.5
第 20 天	55.81 ± 0.5	2.19 ± 0.5	20.85 ± 0.5

由表 1-4-1 可看出，姜在贮藏过程中，其明度逐渐下降，即色泽逐渐变暗，尤其是 22℃，到第 20 天，已降为 44.15 左右，说明温度过高对维持嫩姜原来的颜色不利。表 1-4-2 和表 1-4-3 说明在 13℃保鲜柜和 4℃冷藏两个处理组的生姜色泽变化并不大，而放置于常温（22℃）的生姜在初始 8d 之后呈一个直线上升的态势，20d 后的样品实际上已经偏于褐黄。可能的原因：一般的植物作物在采摘后其色泽变化都会与其腐烂率变化成正比，这项指标大体反映了这个情况。

2.4 贮藏温度对失水率的影响

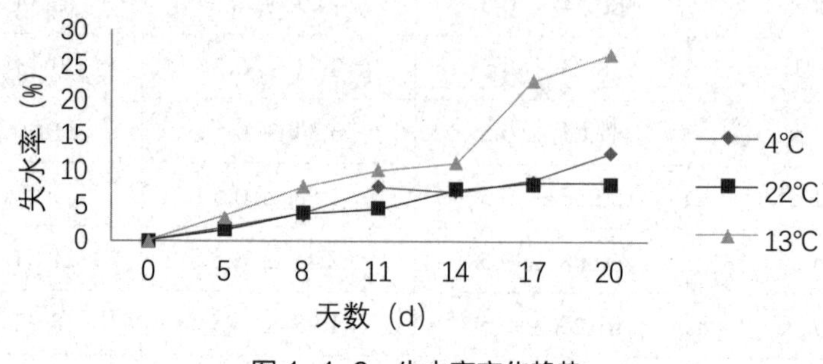

图 1-4-3　失水率变化趋势

从图 1-4-3 中可看出，生姜在 13℃保鲜柜的处理下水分损失速度比另两组快些，实际每次检测时也发现这一组干得多。可能的原因：水分的加速损失延缓了生姜的腐烂，水分缓慢损失则使代谢活动受到的影响并不大，从而更易腐烂。还有一个原因可能是重庆地区湿度较大，所以常温下生姜失水速度慢。

2.5 贮藏温度对硬度的影响

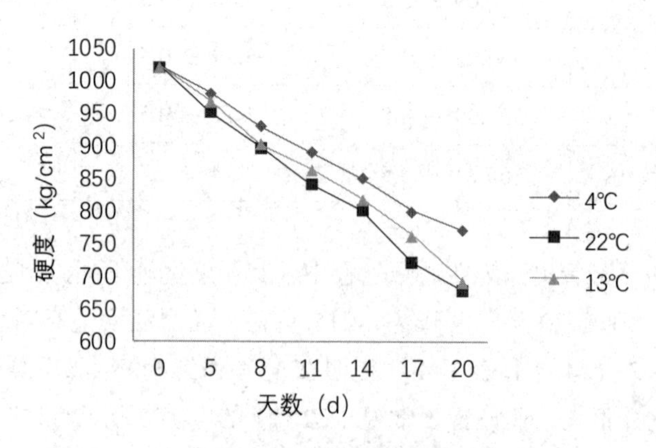

图 1-4-4　硬度变化趋势

硬度下降通常被作为一个评判品质下降的重要指标，图 1-4-4 表明，生姜在贮藏期中时，其硬度均能维持较高水平，在各种温度下贮藏，生姜的硬度下降都比较缓慢。可能的原因：由于嫩姜在贮藏过程中逐渐老化，纤维素增加，再加上持续失水等因素，所以硬度下降比较缓慢。此外，腐烂部分的硬度会出现一个明显的骤降。

2.6 贮藏温度对可溶性固形物的影响

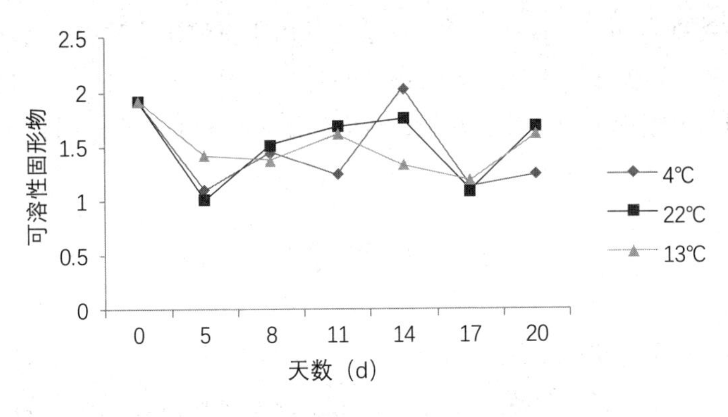

图 1-4-5　可溶性固形物变化趋势

可溶性固形物是指液体或流体食品中所有溶解于水的化合物的总称。包括糖、酸、维生素、矿物质。其能够反映果蔬的成熟度和品质状况，作为判断果蔬采收时间和耐贮藏性的一个重要指标。从图 1-4-5 中可以看出，在整个贮藏期间各样品组生姜的可溶性固形物均处于先下降后上升的趋势，可能的原因：在生姜贮藏过程前期，生姜的呼吸作用消耗量了大量的糖类物质，导致可溶性固形物的含量降低，后期可溶性固形物含量又开始上升，可能是由于生姜后期失水率过大，使得可溶性固形物所占的比例较大。

2.7 贮藏温度对总酸的影响

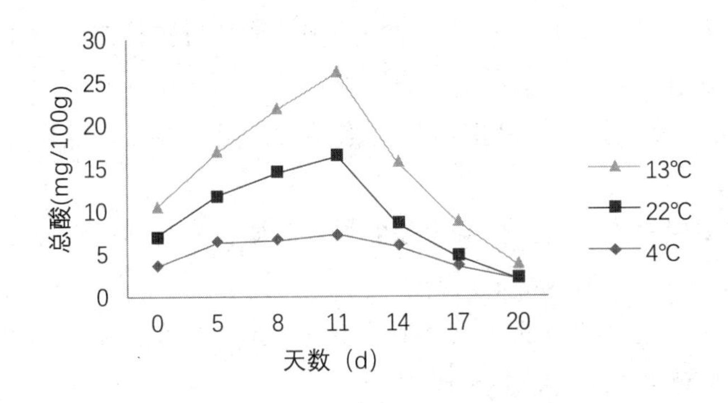

图 1-4-6　总酸含量变化趋势

图 1-4-6 为各组生姜样品总酸含量随贮藏时间的变化折线图。从该图中可以直观地看出，所有处理组在贮藏期间其总酸含量的变化趋势一致是：先随着贮藏时间的增加总酸含量增加，到一定时间后又开始下降。可能的原因：由于前期生姜的失水率逐渐增加导致其总酸含量开始上升，所有处理的总酸均在第 8~11 天内达到最高值，换而言之，在这之后由于总酸作为呼吸的底物逐渐开始下降，从最后的折线图走势来看，13℃的呼吸作用高于其他两个温度处理的生姜样品；4℃冰箱中由于低温，密闭，从而抑制了生姜的呼吸作用和新陈代谢。

3. 结论

在 LDPE 保鲜袋包装的情况下，从图 1-4-1，表 1-4-1 、1-4-2 、1-4-3 和图 1-4-4 来看，若只观测生姜的外观，在 13℃保鲜柜处理组的样品显然比另两组的贮藏效果好，具有低腐烂率，高失水率，表面色泽变化小三个明显的外观优势品质，若从商品性的视角来看，无疑是极为成功的一组处理。再看样品中的维生素 C 变化，从图 1-4-2 可以看出，这项指标三个处理都难以长期维持新鲜生姜的维生素 C 含量，也可能是没做到相应的处理，只改变温度的情况下对生姜中维生素 C 的保持效果都不是很好。四幅图结合来看，秋季常温（22℃）下贮藏生姜，其外观品质会很快变差，4℃冷藏下外观各项指标与 13℃保鲜相差不大，但图 1-4-4 可以看出其失水率与常温（22℃）贮藏的效果差不多一样缓慢，初步判定其腐烂率在第 17 天后的突然升高可能也是这个原因。从图 1-4-2 中可以看出，生姜中的维生素 C 在新鲜时有不低的含量，但任何从改变温度上的方式去保留维生素 C 都不太容易。

结果表明：在 LDPE 保鲜袋包装的情况下，

（1）常温（22℃）下不太适宜贮藏生姜，约能维持外观品质 10d 左右，第 14 天出现明显腐烂。

（2）4℃冷藏虽然能抑制生姜的新陈代谢，但只能大致维持生姜 17d 不明显腐烂。

（3）13℃保鲜柜能最好保持生姜的外观品质，并且 20d 内都不会出现明显腐烂。

（4）只改变温度的情况下，对生姜中维生素 C、可溶性固形物、硬度三个指标的规律性变化并无太显著的差异。

综上所述，以腐烂率、色泽、失水率、维生素 C 含量、可溶性固形物、总酸和硬度作为生姜贮藏实验指标，在 LDPE 保鲜袋包装的情况下，13℃保鲜柜处理下对生姜品质的影响最小，在产品品质比较上优于其他两种温度，较适用于工业生产。

第五章　不同干燥方式对生姜品质的影响

干姜的常用生姜的根状茎制取，但是不同的干燥方式，将导致其成分发生不同程度的变化，从而影响其品质。不同干燥方式对生姜品质的影响不同，但是目前的研究中对品质指标的选取较为单一，大多数学者仅选择水分含量、得率、单一姜酚含量或姜辣素含量等指标中的某个或某几个作为品质指标，没有较为全面的、成套的指标用于判断不同干燥方式对生姜品质的影响。姜用作食品调味料，辣味取决于其中的姜辣素量，香味取决于精油挥发性成分量，因此本次实验选取上述指标作为判断生姜品质的主要指标，探究电热恒温鼓风干燥、自然晾干、真空干燥和真空冷冻干燥四种干燥方式对生姜品质的影响。

1. 材料与方法

1.1 材料与设备

1.1.1 材料与试剂

新鲜仔姜（2016 年 9 月产，购自重庆永川区沃尔玛超市），无水乙醇（分析纯）〔重庆川东化工（集团）有限公司〕，三氟乙酸（分析纯）（Sigma 公司），乙腈（分析纯）（北京百灵威科技有限公司），[6] - 姜酚标准品（色谱纯）（南京泽朗医药科技有限公司），草酸（分析纯）（成都市科龙化工制剂厂），维生素 C 标准品（分析纯）（成都市科龙化工制剂厂），2,6 - 二氯靛酚（分析纯）（成都市科龙化工制剂厂），碳酸氢钠（分析纯）（成都市科龙化工制剂厂）。

1.1.2 仪器与设备

LC-20A 型高效液相色谱仪〔配有 LC-20AT 泵、SIL-20A 自动进样器、CBA-20A 系统控制器、Phenomenex Luna C_{18} 色谱柱（250 mm × 4.60 mm，5 μm）、SPD-M20A 二极管阵列检测器、CTO-20A 柱温箱〕（日本岛津公司），SB-5200D 型超声波清洗机（宁波新芝生物科技股份有限公司），3-18K 型离心机（Sigma 公司），AR2140 型电子天平（美国奥豪斯公司），DGG-9246A 型电热恒温鼓风干燥箱（上海齐欣科学仪器有限公司），DZF-1B 型真空干燥箱（山海跃进医疗器械厂），ALPHA1-4 型真空冷冻干燥机（德国 Christ 公司），BDF-86V598 型超低温冰箱（济南鑫贝西生物技术有限公司），FW100 型万能粉碎机（天津泰斯特公司），CM-5 型色彩色差仪（日本柯尼卡美能达公司）。

1.2 实验方法

1.2.1 鲜生姜片的制备

选择无腐烂、无发芽的新鲜姜块，机械刮去外皮，修整后用清水洗净并沥干，均匀切成厚度为 4mm 的鲜姜片。

1.2.2 各干燥方式干姜片的制备

四种干燥方式最佳工艺干燥条件来自文献并由实验得出。

电热恒温鼓风干燥（热风干燥）姜片：鲜姜片置于 50℃的电热恒温鼓风干燥箱，干燥至恒重。自然晾干姜片：鲜姜片置于阴凉、干燥且通风的环境〔实时温度为 22（±2）℃〕下自然晾干至恒重。真空干燥姜片：鲜姜片置于真空干燥箱，干燥条件为温度 60℃，真空度 0.1MPa，干燥至恒重。真空冷冻干燥姜片：鲜姜片先放入低温冰箱（-78 ℃）预冻 3~5h，预冷后迅速置于真空冷冻干燥机，干燥条件为温度 -55 ℃，真空度 0.09 MPa，干燥至恒重。

1.2.3 各干燥方式姜粉的制备

分别将 1.2.2 中各干燥方式干姜片用万能粉碎机粉碎、过筛（100 目），制得四种干燥方式下的姜粉，密闭置于干燥室中备用。

1.3 分析测定方法

1.3.1 干姜片外观及色泽

分别取四种干姜片同时置于白色背景下，观察并分析其外观状态。将色彩色差计调至 L^*，a^*，b^* 系统（采用 CIE1976 表色系统），择测色大口径 8 mm，在光源 D65，测定角 10° 和 SCE（排出镜面反射光）的条件下，先对仪器进行黑白校正，然后分别取四种干姜片和新鲜姜片进行测定，每种干姜片和新鲜姜片随机取三片，每片随机取三处测定后取平均值，主要测定 L^*，a^*，b^* 值，最后以新鲜姜片为对照计算总色差度 ΔE 值，ΔE 值越小，表明色泽变化程度越小，反之亦然 [12~15]。

$$\Delta E=[(\Delta L^*)^2+(\Delta a^*)^2+(\Delta b^*)^2]^{1/2} \tag{1}$$

$$\triangle L^*=L^*_{样品}-L^*_{对照} \quad (1.a)$$

$$\triangle a^*=a^*_{样品}-a^*_{对照} \quad (1.b)$$

$$\triangle b^*=b^*_{样品}-b^*_{对照} \quad (1.c)$$

1.3.2 复水比

分别取四种干姜片，精确称取质量后记为 $m_{干}$，然后分别置于常温下的超纯水中，10h 后取出沥干，并用滤纸吸干表面水分，精确称取质量后记为 $m_{复}$，重复测定三次取平均值[16]。

$$复水比=m_{复}/m_{干} \quad (2)$$

1.3.3 维生素 C 含量

分别取四种干燥方式姜粉，根据国标 GB/T 6195—1986 水果、蔬菜维生素 C 含量测定法（2，6- 二氯靛酚滴定法）测定。重复测定三次取平均值。

1.3.4 精油挥发性成分得率（水蒸气蒸馏法提取）

分别取四种干燥方式姜粉，精确称取质量后记为 $m_{粉}$，分别装入 1 000 mL 的圆底烧瓶中，浸泡时间 4h，物料比 1：15，蒸馏时间 2h，浸泡后连接蒸馏装置，检查气密性，用电炉加热烧瓶至沸腾，收集提取物，待提取结束后停止加热，冷却至常温后读取挥发性精油体积 $L_{油}$，记为 $m_{油}$，重复测定三次取平均值[17~18]。

$$精油挥发性成分得率\%（以姜粉计）=m_{油}/m_{粉}\times 100\% \quad (3)$$

1.3.5 姜辣素含量（[6] – 姜酚含量）

生姜的特征性风味主要来自其非挥发油成分——姜辣素，而姜辣素是姜酚（姜酚是一类混合物，包括 [6]- 、[8]- 、[10]- 、[12] - 姜酚等）、姜脑和生姜有关辣味物质的总称，鲜姜中 [6] – 姜酚含量占总的姜辣素的 80% 以上。因此本实验以 [6] – 姜酚含量作为姜辣素含量的实验指标。

1.3.5 .1 超声波提取各干姜片姜油

分别取四种干姜片约 10 g 剪成 1 mm^3 的立方体，称取四种样品各 5.00 g 放入离心管中，再加入 10 mL 99% 的无水乙醇，将样品标号，分别放入频率为 400 Hz 的超声波清洗仪中，持续 20 min，取出待用[20]。

1.3.5 .2 高效液相色谱分析

流动相的配制：流动相 A：蒸馏水 +0.05% 三氟乙酸；流动相 B：乙腈 +0.05% 三氟乙酸，配置并过膜，脱气。

液相色谱条件：采用反相高效液相色谱（RP–HPLC）[21~23]，用蒸馏水、乙腈、三氟乙酸作为流动相。色谱条件为：检测器：二极管阵列检测器（200~400nm）；色谱柱：反相 C–18 柱（5μm）；柱温：40 ℃；流动相：梯度洗脱为：前 20 min，A/B（70 ∶ 30，V/V）– A/B（10 ∶ 90，V/V），后 5 min 保持 A/B（10 ∶ 90，V/V）；检测波长：228 nm；流量：1.00 mL/min；进样量：10 μL。

[6] – 姜酚母液的配制和对照品的测定：将 20 mg [6] – 姜酚标准品用 99% 的无水乙醇溶于 25 mL 比色管中，配制成质量浓度为 800 μg/mL 的母液，放于避光低温环境中待用。吸取 10 μL[6] – 姜酚母液进样高相液相色谱仪，确定出峰时间并为 [6] – 姜酚出峰时间。

取 [6] – 姜酚母液（800 μg/mL）用 99% 的无水乙醇配制成质量浓度为 8μg/mL，16μg/mL，32μg/mL，64μg/mL，128μg/mL 的不同梯度对照品，并各取 10μL 按上述液相色谱条件进样测定，记录在 [6] – 姜酚出峰时间下不同质量浓度对照品的峰面积积分值，并绘制标准曲线。

绘制标准曲线：不同质量浓度梯度对照品的峰面积积分值见表 1–5–1。

表1–5–1　不同质量浓度梯度对照品的峰面积积分值

项目	1	2	3	4	5
质量浓度（μg/mL）	8	16	32	64	128
峰面积积分值	129 281.2	209 802.0	502 474.9	868 003.2	1 702 231.7

以表 1–5–1 中质量浓度（μg/mL）为横坐标 x，峰面积积分值为纵坐标 y 绘制线性回归方程，得回归方程为：y = 13 093x + 32 967（R^2 = 0.9977，n=4），表明 [6] – 姜酚的进样质量浓度在 8~128μg/mL 范围内与峰面积积分值线性关系良好，见图 1–5–1。

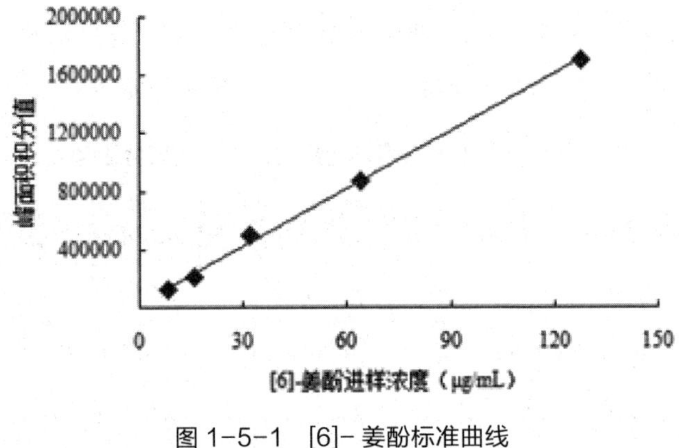

图 1–5–1　[6]– 姜酚标准曲线

测定样品：将已标号的姜油用离心机以 4 000 r/min 的转速离心，然后取上清液于 0.45μm 滤膜过滤，进样检测。

2. 结果与分析

2.1 不同干燥方式对姜片外观及色泽的影响

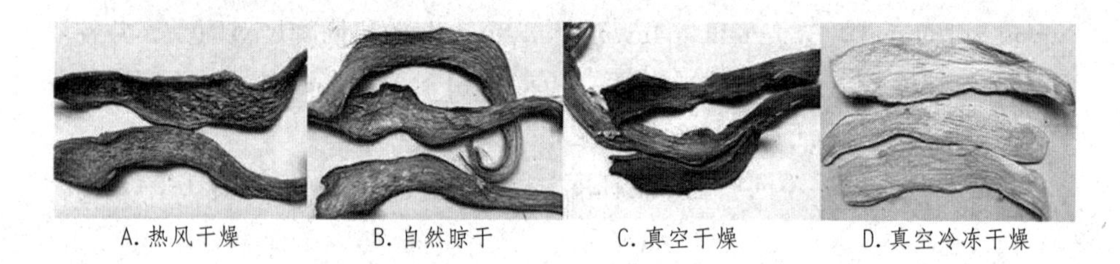

图 1-5-2 四种干燥方式对干姜片外观及色泽的影响

如图 2 所示，热风干燥、自然晾干和真空干燥的姜片表面皱缩，内部结构发生塌陷，质地较硬，边缘卷曲，组织比较致密，颜色发生不同程度的变深，其中真空干燥的姜片颜色最深，热风干燥和自然晾干次之；真空冷冻干燥的姜片孔隙分布相对均一，结构疏松，质地较脆，颜色最浅。通过外观分析可以得出，真空冷冻干燥的姜片能较完好地保持生姜片原有的结构。

四种干燥方式干姜片总色度差△ *E* 值的显著性比较如表 1-5-2，由表可以看出，当 $P<0.05$，四种干燥方式总色度差△ *E* 值之间有显著性差异，其中热风干燥和自然晾干之间没有显著性差异，真空冷冻干燥的△ *E* 值最低，为 12.74，真空干燥的△ *E* 值最高，为 21.76。由此说明，与新鲜姜片相比，真空冷冻干燥处理的姜片其色泽变化程度最小，真空干燥变化程度最大。

表 1-5-2 四种干姜片总色度差△ *E* 值的显著性比较

项目	热风干燥	自然晾干	真空干燥	真空冷冻干燥	鲜姜
L^*	65.13 ±2.40	63.93 ±2.93	78.37 ±1.33	54.50 ±2.03	56.93 ±1.63
a^*	6.63 ±0.25	6.95 ±0.94	0.06 ±1.07	8.63 ±0.80	−1.80±0.44
b^*	24.59 ±1.44	25.70 ±1.15	17.39 ±1.31	22.40 ±1.47	15.72 ±2.14

（续　表）

项目	热风干燥	自然晾干	真空干燥	真空冷冻干燥	鲜姜
ΔE	14.77 ±0.22b	15.08 ±0.46b	21.76 ±0.66a	12.74 ±0.76c	

注：图表中小写字母表示具有显著性差异（$P < 0.05$），下同

自然晾干过程是在22(±2)℃的通风环境下阴干，水分缓慢地被空气带走，整个过程漫长且水分呈自然挥发状态，由于时间太长，随着水分的挥发，姜片的纤维组织和色素逐渐收缩和聚集，并发生一定程度的老化和氧化，导致结构塌陷，颜色加深，难以切分和粉碎。

热风干燥过程中，通过50℃的热风加速干燥，空气作为载热体同时也作为载湿体，在给姜片供给热量的同时将湿空气带走，由于温度较自然晾干高，发生一定程度的炭化，氧化也更严重，颜色更深。同时由于干燥过程中外表面温度较高，水分蒸发比内部快，内部物质迁移较大，因此干燥后表面硬化较自然晾干严重，且表面有盐分析出，表面和内部也不同程度的聚集粘连，不易切分和粉碎。

真空干燥过程中，由于压力差的作用，水分向物料表面移动，得到的姜片外观本应比自然晾干和热风干燥好，但本次采用的真空干燥温度为60 ℃，相对四种干燥方式为最高，碳化和氧化最严重，由于高温及压差作用，还伴有少量盐分析出，因此得到的姜片硬度大，颜色最深，且组织结构严重收缩，但真空干燥的姜片其纤维粘连较少，脆性较好，容易粉碎。

真空冷冻干燥过程是姜片中的水结冰再直接升华为水蒸气的干燥过程，由于冰晶的形成对其内部结构有一定程度的破坏，使其内部孔隙较大，冰晶在升华后形成的孔隙，也会作为后续冰晶升华为水蒸气的通道，由于升华干燥阶段（主要传质过程）是由冰晶在较低的温度和压力下直接升华，减少纤维收缩，并在压差作用下经扩散作用由孔隙排出，形成疏松多孔状结构，因此能较好地保持原有内部结构，减少因水分扩散带来的物质迁移。冰晶直接升华为气态，水分在内部组织中移动微乎其微，因此内部残留水分低，干燥彻底，姜片较脆。色泽的少量加深可能是由于水分流失后，生姜中姜黄色素浓度增加并聚集在纤维表面。

2.2 不同干燥方式对姜片复水比的影响

对四种干燥方式的干姜片进行复水后，各复水比如图1-5-3所示，可以看

出，各处理间差异显著，说明热风干燥、自然晾干、真空干燥和真空冷冻干燥这四种干燥方式对复水比有显著性影响（$P<0.05$）。

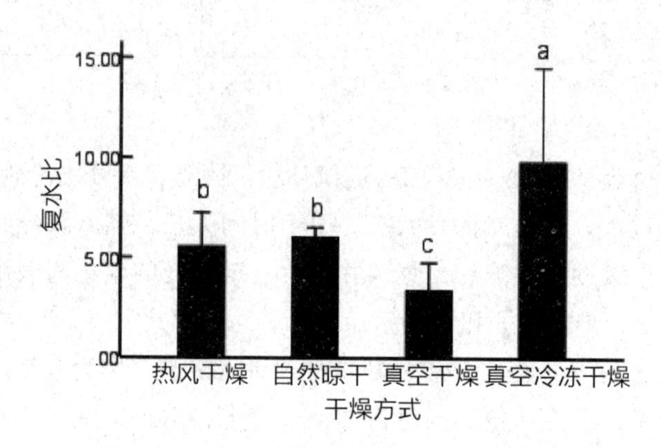

图 1-5-3　四种干燥方式对干姜片复水比影响

复水比的主要影响因素在于干燥后的物质内部结构、纤维分布状态、细胞活性和成分变化等。如图 1-5-3 所示，当 $P<0.05$，热风干燥所得复水比和自然晾干之间差异不显著，真空冷冻干燥所得复水比、热风干燥与自然晾干、真空干燥三者之间差异显著；真空冷冻干燥所得复水比最大（9.80），热风干燥（5.55）和自然晾干（6.03）居中，真空干燥最小（3.37）。

真空冷冻干燥过程在低温状态下进行，姜片中淀粉、蛋白质和脂肪等成分的变性程度较小，因此这些成分能最大限度地重新吸收水分使姜片复水；真空冷冻干燥形成了疏松多孔的结构且纤维收缩小，因此在姜片复水过程中能更好地吸水、持水；姜片中组织细胞的活性也有利于复水。

热风干燥和自然晾干复水比之间不存在显著性差异，两者得到的姜片复水比较真空冷冻干燥差，前者是由于外表面温度高，内部物质迁移大，后者是长时间暴露在空气中发生老化和氧化作用，均影响到内部结构，使纤维收缩，部分细胞和成分失活、变性。

真空干燥得到的姜片复水比较其他三种干燥方式差，在压差和高温作用下，姜片内部结构坍塌，纤维严重收缩，组织致密，对姜片内部成分造成损害，复水性自然最差。

2.3 不同干燥方式对维生素 C 含量的影响

测得四种干燥方式姜粉的维生素 C 含量处理间显著性比较如图 1-5-4。

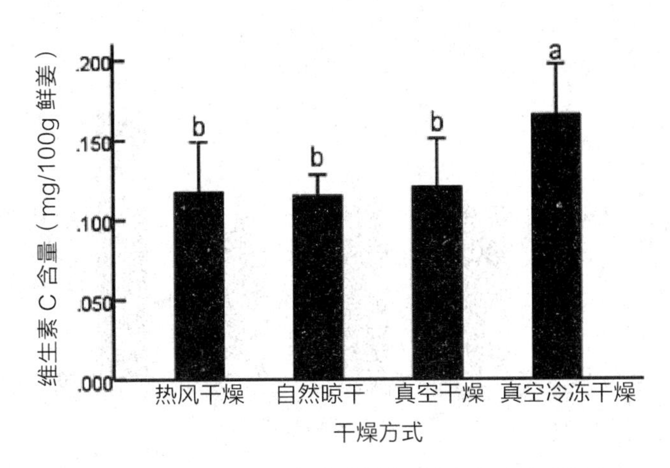

图 1-5-4　四种干燥方式对姜粉的维生素 C 含量影响

由图 1-5-4 可知，各处理间差异显著，说明热风干燥、自然晾干、真空干燥和真空冷冻干燥这四种干燥方式对维生素 C 含量有显著性影响（$P<0.05$）。

影响维生素 C 含量的因素有光照、温度、存储时间和盐分等。由图 1-5-4 可知，当 $P<0.05$，热风干燥、自然晾干和真空干燥三者之间所得维生素 C 含量差异不显著，真空冷冻干燥所得维生素 C 含量与其他三者均差异显著；真空冷冻干燥所得维生素 C 含量最大（0.17 mg/100 g 鲜姜），其他三者次之且差异不大。

真空冷冻干燥过程中影响维生素 C 含量的主要因素为低温和盐分。低温相对高温而言，对维生素 C 含量的影响较小，真空冷冻干燥过程中内部物质迁移小，盐分析出少，因此真空冷冻干燥对维生素 C 含量影响总体较小。

热风干燥温度较高，盐分析出多；自然晾干有光照影响且长时间暴露在空气中；真空干燥温度高，有少量盐分析出。此三种干燥方式中的因素对维生素 C 含量的影响程度或大或小，但均降低了维生素 C 的含量，或分解或流失。

2.4　不同干燥方式对精油挥发性成分得率的影响

测得四种干燥方式姜粉的精油挥发性成分得率处理间显著性比较如图 1-5-5。

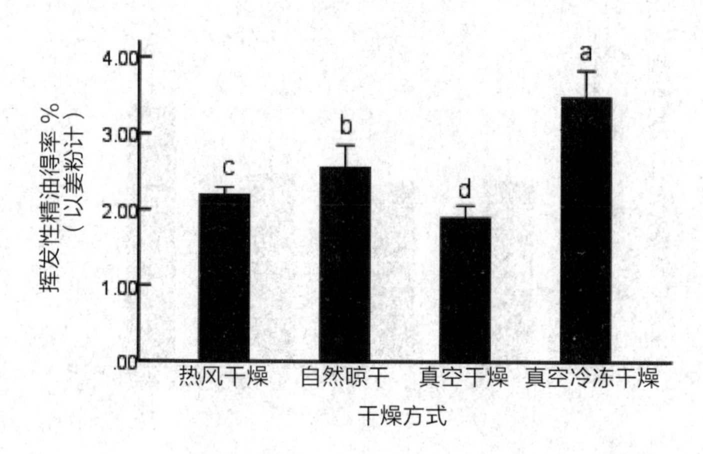

图 1-5-5　四种干燥方式对姜粉的精油挥发性成分得率影响

由图 1-5-5 可知，各处理间差异显著，说明热风干燥、自然晾干、真空干燥和真空冷冻干燥这四种干燥方式对精油挥发性成分得率有显著性影响（$P<0.05$）。

采用水蒸气蒸馏法提取的姜精油基本上为挥发性姜精油，即纯的精油，颜色呈淡黄色，其主要成分为挥发性的单萜类化合物，如 α －蒎烯、β －蒎烯、α －水芹烯、α －松油醇、柠檬醛等，还含有大量的挥发性倍半萜类化合物，如 α －姜烯、β －倍半水芹烯、α －姜黄烯。该类精油几乎不含有高沸点成分，具有浓郁的芳香气味[3、24]。研究表明，姜精油组分中有些物质是不稳定的，鲜姜干燥成干姜会失去许多低沸点的萜类化合物，外界温度和压力的变化，长期暴露在空气中，光照等条件均会使其组分挥发或发生变化，如香味醇、香味醇乙酸乙酯将减少，姜醇受热后脱水变成姜烯等[25~26]。

由图 1-5-5 可知，当 $P<0.05$，四种干燥方式之间所得精油挥发性成分得率均差异显著；真空冷冻干燥所得精油挥发性成分得率最大（3.46%），自然晾干第二（2.55%），热风干燥次之（2.19%），真空干燥最小（1.89%）。

真空冷冻干燥在低温、真空状态下进行，且操作时间较短，光照较少，根据上述精油挥发性成分的物理、化学性质可知，真空冷冻干燥能最大限度减少精油中低沸点萜类化合物的挥发和其他组分较少或不发生变化，因此其干燥后的得率最大；自然晾干则可能是由于长时间暴露在空气中，且受到一定的光照，使精油部分挥发或组分发生变化，导致得率较真空冷冻干燥小；热风干燥过程中有高速流动的热空气，可能由于该原因加快了部分成分的挥发和某些组分的化学变化；真空干燥其 60 ℃的温度比热风干燥更高，可能直接导致较多低沸点萜类化合物挥发和醇类化合物变化。

2.5 不同干燥方式对姜辣素含量（[6] – 姜酚含量）的影响

记录四种干燥方式干姜片峰面积积分值，代入回归方程计算质量浓度，并分别将其转化为在对应干姜中的 [6] – 姜酚含量，见图 1–5–6。

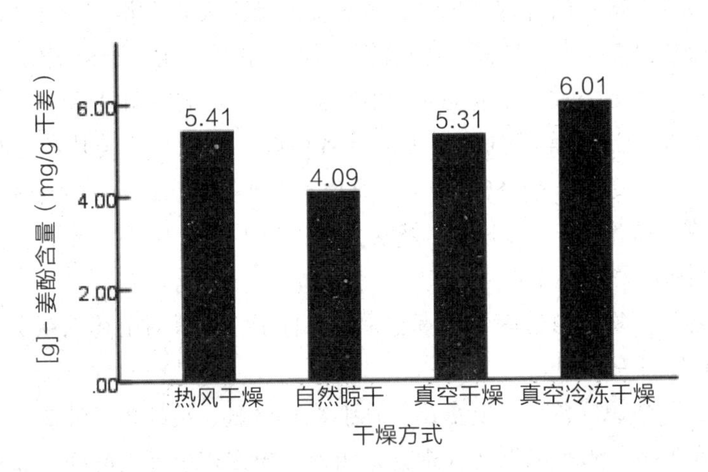

图 1–5–6　四种干燥方式干姜片对应的 [6] – 姜酚含量

由图 1–5–6 可知，鲜姜经不同干燥方式处理后，[6] – 姜酚含量由高到低依次为：真空冷冻干燥 > 热风干燥 > 真空干燥 > 自然晾干。不同干燥方式对 [6] – 姜酚含量有较明显影响。

前人研究中表明，姜酚类成分化学性质不稳定，特别是对干燥温度和干燥介质较敏感 [27]。生姜在高温或长期贮藏过程中姜酚会脱水生成相应的姜脑系列产物。

四种干燥方式中真空冷冻干燥后的 [6] – 姜酚含量明显高于其他三种，而真空冷冻干燥是在低温和真空的环境下进行，说明低温和真空的环境下 [6] – 姜酚不易被破坏，这也与前人的研究结论一致；热风干燥与真空干燥得到的 [6] – 姜酚含量相差不大，可能是这两种干燥方式均是在相对高温（50 ℃，60 ℃）的环境下进行，对 [6] – 姜酚的破坏较明显；热风干燥的 [6] – 姜酚含量稍高于真空干燥，其破坏程度随温度升高有着增大的趋势，猜想可能是干燥温度的影响程度大于干燥介质，具体两者的影响程度还有待进一步研究；自然晾干得到的 [6] – 姜酚含量最低，分析原因可能是由于其长时间暴露在空气介质中，[6] – 姜酚遭到严重破坏转化为其他产物。

3. 结论

生姜是药食两用植物，为提高生姜干燥品品质，本次实验选取电热恒温鼓风干燥、自然晾干、真空干燥和真空冷冻干燥四种干燥方式对同一批鲜姜进行干燥，并选取干燥品的外观、色泽、复水比、维生素 C 含量、精油挥发性成分得率和姜辣素含量为实验指标，比较四种干燥方式的优劣。结果表明：

（1）四种干燥方式对生姜上述六项实验指标的影响有明显差异。

（2）真空冷冻干燥得到的干姜品外观最好，色泽与鲜姜片相比相差最小（ΔE=12.74），复水比（9.80）最大，维生素 C 含量（0.17 mg/100 g 鲜姜）、精油挥发性成分得率（3.46%）和姜辣素含量（6.01 mg/g 干姜）最高，该干燥方式对生姜品质的影响最小。

（3）热风干燥、自然晾干和真空干燥三种干燥方式对上述六项实验指标的影响优劣程度各有不同。

综上，以外观、色泽、复水比、维生素 C 含量、精油挥发性成分得率和姜辣素含量作为生姜干品品质实验指标，四种干燥方式中真空冷冻干燥对生姜品质的影响最小，在产品品质比较上优于其他三种干燥方式，较适用于工业生产，但该干燥方式操作复杂，耗能高，进行工业化批量生产的工艺尚需进一步探讨。

第六章　不同包装材料贮藏对生姜挥发油成分的影响

关于生姜挥发油化学成分的研究已有很多报道，林茂等[6]对鲜姜和干姜挥发油进行了比较研究，徐娓等[7]采用GC/MS法对不同干燥条件下生姜挥发油成分进行分析，陈帅华等对生姜与生姜皮挥发油成分进行了研究分析，报道结果表明干燥方式和部位不同，其挥发油成分存在较大差异，目前关于生姜保藏的研究大多在干燥方式方面，而对于不同包装材料对生姜贮藏过程中挥发油含量和化学成分之间是否存在差异鲜见报道。由宏声、王翼等[9~10]对生姜贮藏保鲜的研究可知，13℃更适合生姜的贮藏保鲜。因此，本实验采用普通PE保鲜袋、抗菌保鲜袋、铝箔保鲜袋、PVDC保鲜袋、LDPE保鲜袋五种包装材料在13℃同一条件下保藏重庆产生姜15d，采用水蒸气蒸馏法提取其挥发油，并对挥发油的化学成分进行全面的研究，旨在为进一步开发利用及贮藏保鲜提供理论参考。

1. 材料与方法

1.1 材料与仪器

新鲜生姜（于2016年购于重庆市永川区双竹镇农贸市场），无水硫酸钠、正己烷均为分析纯（成都市科龙化工试剂厂）。

普通PE保鲜袋、抗菌保鲜袋、铝箔保鲜袋、PVDC保鲜袋、LDPE保鲜袋（台湾中科生物研究公司）。

GC-MS2010型气相色谱－质谱联用仪（日本－岛津公司），水蒸气蒸馏萃取装置（南京銮玉化玻仪器有限公司），HN-25S型恒温箱（重庆松朗电子仪器有限公司），LX213型榨汁机（深圳市科沃达科技发展有限公司）。

1.2 方法

1.2.1 生姜的保藏

称取7份约20g生姜，分别装入普通PE保鲜袋、抗菌保鲜袋、铝箔保鲜袋、PVDC保鲜袋、LDPE保鲜袋，同时做对照样品及测量鲜生姜挥发油。将包装好的生姜及对照品放入13℃恒温箱贮藏15d，待用。

1.2.2 生姜挥发油的提取与制备

此实验采用水蒸气蒸馏法(DDF)提取生姜的挥发油。选用无霉变、无腐烂的生姜。分别称取生姜70g粉碎后置于1 000mL圆底烧瓶中并加入320mL蒸馏水，按2005年版的《中华人民共和国药典》进行生姜挥发油的提取。使其保持微沸5h，停止加热并冷却，加入适量无水硫酸钠对所得挥发油进行脱水处理，添加适量正己烷萃取，得到具有浓郁生姜香气的淡黄色透明液体，置冰箱中保存，待用。

1.2.3 GC-MS分析

参考谭建宁[11]的方法并略做修改。采用GC-MS对五种包装材料保藏后提取的生姜挥发油的化学成分进行分析。

1.2.3.1 色谱条件

色谱柱：DB-1石英毛细管柱（30mm × 0.25mm）；升温程序：起始温度为50℃，保持3min，以4℃/min升至250℃，保持3min；柱流量1.0mL/min，进样量0.5μL，进口温度250℃，溶剂延迟2.5min，分流比100：1。

1.2.3.2 质谱条件

电子轰击（E1）离子源；离子源温度：200℃，电子能量：70eV，接口温度：250℃；倍增电压：0.80kV，扫描范围35~500m/z；扫描间隔0.2s。

2. 结果与分析

2.1 不同包装材料对生姜挥发油含量的影响

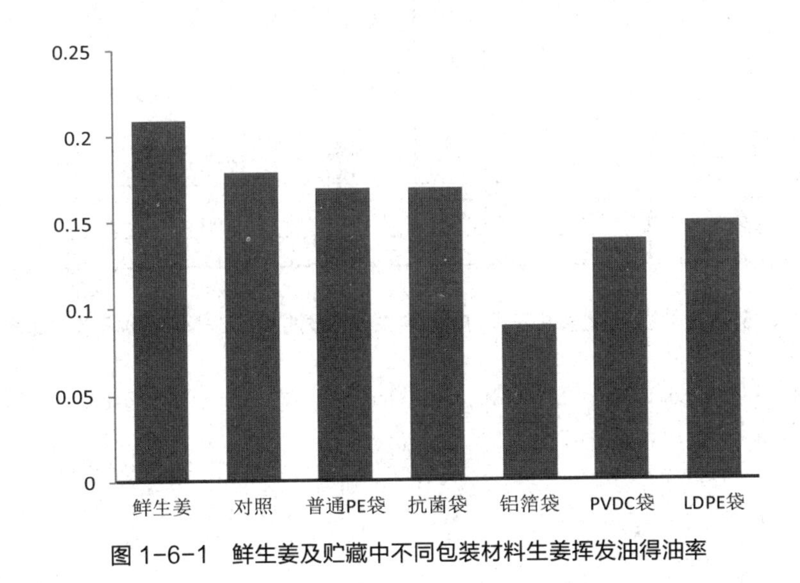

图 1-6-1　鲜生姜及贮藏中不同包装材料生姜挥发油得油率

Fig.1-6-1 oil yield of fresh ginger and different packaging materials in ginger

采用水蒸气蒸馏法对保藏后不同包装材料生姜挥发油提取，其得油率见图1-6-1。由图 1-6-1 可知，不同包装材料保藏方式中，铝箔保鲜袋的生姜得油率最低。崔爽 [10] 等对果蔬保鲜包装进行了研究，张敏等 [12] 对包装材料透气性与保鲜效果进行了研究，发现高透气性袋更有利于贮藏过程中的保鲜。根据胡霞等 [13] 对食品包装材料的综述及长春机械厂 [14] 对铝箔塑料膜的研究可知，本实验中五种铝箔保鲜袋的透气性最差的是铝箔袋，其次为 PVDC 袋，表明透气性差的保鲜袋更容易造成生姜挥发油的流失。

2.2 不同包装材料对生姜挥发油成分的影响

按上述实验条件，对所得的七种样品进行分析测实，得到总离子流对比图 (见图 1-6-2)，GC-MS 检出峰经过 NIST05 以及 NISTO5s 谱库进行检索并根据生姜挥发油成分的研究报道[15~18]等文献进行谱图分析，而后各组分的百分含量采用峰面积归一法进行计算解析，对本实验的成分种类及含量进行统计，结果见表1-6-1。

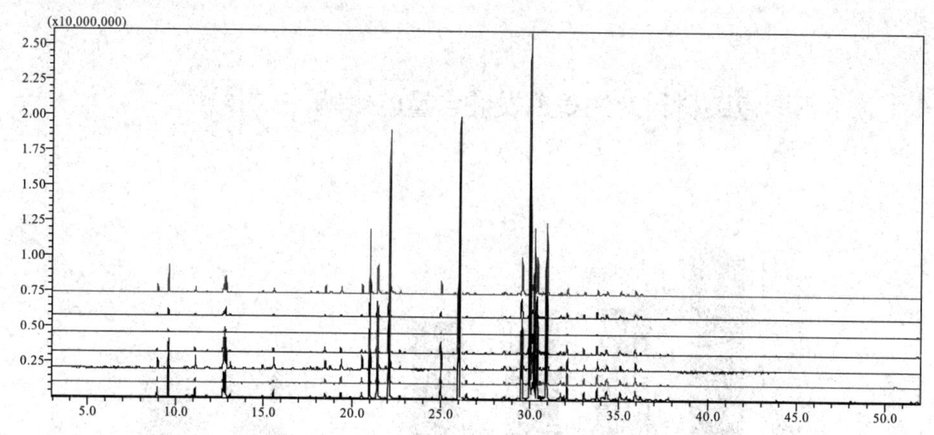

图 1-6-2 鲜生姜及贮藏中不同包装材料生姜挥发油的 GC-MS 总离子流对比图

Fig.1-6-2 Comparison of GC-MS total ion current in fresh ginger and different packing materials of ginger

表 1-6-1　鲜生姜及贮藏中不同包装材料生姜挥发油化学成分及其相对百分含量

Table 1-6-1 chemical compositions and relative content of volatile oil in fresh ginger and different packaging materials

序号	保留时间 (min)	化合物名称	相对含量 (%)						
			鲜生姜	对照样	普通 PE 袋	抗菌袋	铝箔袋	PVDC 袋	LDPE 袋
1	8.908	1R-α-蒎烯	0.65	0.33	0.46	0.20	–	0.31	–
2	9.542	莰烯	1.95	1.04	1.47	0.79	2.34	1.23	2.33
3	10.617	β-蒎烯	0.09	–	0.09	–	0.88	–	0.10
4	10.942	6-甲基-5-庚烯-2-酮	0.05	0.06	0.07	–	–	–	–
5	11.083	β-月桂烯	0.53	0.25	0.59	0.25	–	0.28	0.45
6	11.758	β-水芹烯	0.08	–	–	0.05	–	–	0.11
7	12.675	右旋柠烯	0.46	0.21	0.10	0.35	–	0.27	0.46
8	12.742	β-水芹烯	1.69	0.64	0.56	1.21	–	0.76	1.44
9	12.833	桉油精	1.53	0.81	2.23	1.03	2.16	1.42	1.47
10		2-庚醇，醋酸	0.19	0.07	1.61	0.13	–	0.14	0.10
11	14.933	（+）-4-蒈烯	0.11	–	0.17	0.10	–	–	0.12
12	15.567	3，7-二甲基—1，6-辛二烯	0.43	0.16	0.57	0.29	–	0.22	0.5
13	17.633	3，7-二甲基—6-辛烯醛	0.07	–	0.14	–	–	–	0.13

续 表

序号	保留时间 (min)	化合物名称	相对含量 (%)						
			鲜生姜	对照样	普通 PE 袋	抗菌袋	铝箔袋	PVDC 袋	LDPE 袋
14	17.983	3，4－7－甲基二烯	0.07	–	–	–	–	–	–
15	18.467	冰片	0.39	0.31	0.49	0.54	–	0.26	0.72
16	19.358	（S）－α－4－三甲基－3－环己烯－1－甲醇	0.42	0.46	0.60	0.46	–	0.40	0.77
17	19.892	乙酸辛酯	0.13	–	0.10	–	–	–	–
18	20.517	3，7－二甲基—2－辛烯－1－醇	0.47	0.49	0.76	–	–	–	0.81
19	20.958	(Z)–3，7－二甲基—2，6－辛二烯醛	3.20	3.32	5.32	2.19	3.80	2.62	6.23
20	21.408	(E)–3，7－二甲基—2，6－辛二烯－1－醇	3.26	3.72	3.74	2.02	3.67	3.62	3.01
21	22.075	(E)–3，7－二甲基—2，6－辛二烯醛	6.76	8.98	12.27	7.50	11.28	7.33	16.91
22	22.692	1，7，7－三甲基二环 [2.2.1] 庚烷－2－醇乙酸酯	0.16	–	–	–	–	–	–
23	22.725	乙酸龙脑酯	–	0.13	0.24	0.29	–	–	0.27
24	24.992	3，7－二甲基－6－辛烯－1－醇乙酸	1.42	1.34	1.46	1.19	1.74	1.21	1.26
25	26.008	(E)–3，7－二甲基－2，6－辛二烯－1－醇乙酸	18.97	16.09	14.68	12.32	17.78	15.4	10.02

续　表

序号	保留时间 (min)	化合物名称	相对含量 (%)						
			鲜生姜	对照样	普通 PE 袋	抗菌袋	铝箔袋	PVDC 袋	LDPE 袋
26	26.433	β－橄香烯	0.32	0.26	0.22	0.24	–	0.27	–
27	26.842	丁香烯	0.09	0.13	0.13	0.15	22.17	23.39	0.14
28	28.542	(Z)–7，11–二甲基–3–亚甲基–1，6，10–十二碳三烯	0.20	0.28	0.24	0.53	–	–	0.42
29	28.592	B–柏木烯	0.13	0.16	0.17	–	–	–	–
30	28.858	香橙烯	0.11	0.17	0.14	0.20	–	–	0.13
31	29.525	A－姜黄烯	4.52	4.99	4.29	4.11	7.8	4.99	4.90
32	29.7	α－衣兰油烯	0.08	0.12	–	0.14	–	–	–
33	30.167	α－雪松烯	2.26	2.53	2.00	3.07	3.59	2.57	2.32
34	30.25	α－金合欢烯	6.60	7.78	7.17	7.83	7.14	8.21	6.63
35	30.4	β－防风根烯	4.02	4.35	3.67	5.07	5.68	4.83	3.90
36	30.567	(+)–双环倍半水芹烯	0.23	0.27	0.22	0.40	–	0.32	–
37	30.733	1，2，4a，5，8，8a–六氢–4，7–二甲基–1–(1–甲基乙基)萘	0.26	0.25	0.19	–	–	0.31	–
38	30.825	α－别香橙烯	0.15	0.19	0.14	0.18	–	0.17	0.13

续 表

序号	保留时间 (min)	化合物名称	相对含量 (%)						
			鲜生姜	对照样	普通 PE 袋	抗菌袋	铝箔袋	PVDC 袋	LDPE 袋
39	30.925	[S-(R*，S*)]-3-(1，5- 二甲基 -4- 己烯基)-6- 亚甲基环己烯	8.25	8.97	7.44	10.41	8.90	9.44	7.72
40	31.608	1ar-(1aR，4aβ，7aα，7bβ)- 十氢 -1，1，7- 三甲基 -4- 亚甲基 -1H- 环丙烷 [e] 甘菊环烯 -7- 醇	0.14	0.11	0.25	0.13	–	1.10	0.11
41	31.733	[1R-(1α，3α，4β)]-α，α，4- 三甲基 -4- 乙烯基 -3-(1- 甲基乙烯基)- 环己烷甲醇	0.56	0.41	0.16	0.36	1.07	0.77	0.24
42	31.908	石竹烯	0.23	0.25	0.74	0.22	–	–	0.17
43	32.092	4，11，11- 三甲基 -8- 亚甲基 - 二环 [7.2.0]4- 十一烯	1.13	1.03	0.38	1.03	–	–	–
44	33.05	表蓝桉醇	0.56	0.55	0.17	0.68	–	0.87	0.42
45	34.042	1- 羟基 -1，7- 二甲基 -4- 异丙基 -2，7- 环葵二烯	0.18	0.10	0.05	0.15	–	0.24	0.10
46	34.142	1，2，3，4，4a，5，6，7- 八氢 -α，α，4a，8- 四甲基 -(2R- 顺)-2- 萘醇	0.39	–	0.31	–	–	–	–

续 表

序号	保留时间 (min)	化合物名称	相对含量 (%)						
			鲜生姜	对照样	普通 PE 袋	抗菌袋	铝箔袋	PVDC 袋	LDPE 袋
47	35.092	十氢 –α，α，4a– 三甲基 –8– 亚甲基 –[2R–(2α，4aα，8aβ)]–2– 萘醇	0.77	0.46	–	0.44	–	0.75	0.35
48	35.2	6– 芹子烯 – 4– 醇	0.09	–	0.10	–	–	–	–
49	35.458	松油烯	0.27	–	–	–	–	–	–
50	35.942	α – 红没药醇	1.18	0.84	0.60	0.85	–	1.37	0.62
51	36.242	(2，2，6– 三甲基 – 双环 [4.1.0] 庚 –1– 基)– 甲醇	–	–	–	–	–	0.89	0.13
52	36.258	胡萝卜醇	0.49	0.47	0.30	0.29	–	–	–
53	37.392	3，7，11– 三甲基 –2，6，10– 十二烷三烯醛	0.12	0.08	–	–	–	–	–
54	37.783	5–(1，5– 二甲基 –4– 己烯)–2– 甲基 –1，3– 环己二烯	0.08	–	–	–	–	–	–

注：“–”表示未检出

由表 1–6–1 可知，鲜生姜中提取的挥发油共鉴定出 52 种化学成分，对照样品中鉴别出 42 种成分，普通 PE 保鲜袋中生姜鉴别出 45 种化合物，抗菌保鲜袋中生姜鉴别出 39 种化合物，铝箔保鲜袋中生姜鉴别出 15 种化合物，PVDC 保鲜袋中生姜鉴别出 32 种化合物，LDPE 保鲜袋中生姜鉴别出 37 种化合物。五种包装材料中生姜挥发油共同检测到的化合物有 14 种，其中，鲜生姜挥发油中主要成分有 (E)–3,7 – 二甲基 –2,6– 辛二烯醛 (6.76%)、(E)–3,7 – 二甲基 –2,6– 辛二烯 –1– 醇乙酸 (18.97%)、α – 金合欢烯 (6.6%)、[S–(R*， S*)]–3–(1， 5– 二甲基 –4– 己烯基)–6– 亚甲基环己烯 (8.25%) 等；对照样品生姜挥发油中主要成分有 (E)–3， 7 – 二甲基 –2， 6– 辛二烯醛 (8.98%)、(E)–3， 7 – 二甲基 –2， 6– 辛二烯 –1– 醇乙酸 (16.09%)、[S–(R*， S*)]–3–(1， 5– 二甲基 –4– 己烯基)–6– 亚甲基环己烯 (8.97%) 等；普通 PE 袋生姜挥发油中主要成分有 (E)–3,7 – 二甲基 –2, 6– 辛二烯醛 (12.27%)、(E)–3,7 – 二甲基 –2,6– 辛二烯 –1– 醇乙酸 (14.68%)、α – 金合欢烯 (7.17) 等；抗菌袋中生姜的主要成分有 (E)–3， 7 – 二甲基 –2， 6– 辛二烯 –1– 醇乙酸 (12.32%)、[S–(R*， S*)]–3–(1， 5– 二甲基 –4– 己烯基)–6– 亚甲基环己烯 (10.41%) 等；铝箔袋中生姜挥发油的主要成分有 (E)–3,7 – 二甲基 –2,6– 辛二烯醛 (11.28%)、(E)–3， 7 – 二甲基 –2， 6– 辛二烯 –1– 醇乙酸 (17.78%)、丁香烯 (22.17%) 等；PVDC 袋中生姜挥发油的主要成分有 (E)–3， 7 – 二甲基 –2， 6– 辛二烯 –1– 醇乙酸 (15.4%)、丁香烯 (23.39%)、[S–(R*, S*)]–3–(1, 5– 二甲基 –4– 己烯基)–6– 亚甲基环己烯 (9.44%) 等；LDPE 袋中生姜挥发油的主要成分有 (E)–3， 7 – 二甲基 –2， 6– 辛二烯醛 (16.91%)、(E)–3， 7 – 二甲基 –2， 6– 辛二烯 –1– 醇乙酸 (10.02%)、[S–(R*， S*)]–3–(1， 5– 二甲基 –4– 己烯基)–6– 亚甲基环己烯 (7.72%) 等。

由本实验结果可知，生姜挥发油的主要成分为：α – 金合欢烯、(E)–3， 7 – 二甲基 –2， 6– 辛二烯醛、[S–(R*， S*)]–3–(1， 5– 二甲基 –4– 己烯基)–6– 亚甲基环己烯、(E)–3， 7 – 二甲基 –2， 6– 辛二烯 –1– 醇乙酸等。通过对贮藏过程中 5 种包装材料的生姜挥发油化学成分的比较分析，可得出：①五种包装材料生姜挥发油共有化学成分的相对百分含量差异较大，其中丁香烯的百分含量普通 PE 袋（0.13%）、抗菌袋（0.15%）、铝箔袋（22.17%）、PVDC 袋（23.39%）、LDPE 袋（0.14%），铝箔袋和 PVDC 袋与其余相差极大。② 5 种包装材料生姜挥发油中鉴别出 49 种化学成分，有 14 种共同检测到的化合物，其中铝箔袋和 PVDC 袋中丁香烯含量最高，其余为 (E)–3,7 – 二甲基 –2,6– 辛二烯醛和 (E)–3, 7 – 二甲基 –2， 6– 辛二烯 –1– 醇乙酸含量最高。③ 5 种包装材料生姜挥发油鉴别出的化学成分数量相差较大，不同包装材料生姜得油率及鉴别出的成分种类多少顺序为：鲜生姜（0.21%，52 种）> 对照样品（0.18%，42 种）> 普通 PE 袋（0.17%，45 种）> 抗菌袋（0.17%，39 种）> LDPE 袋（0.15%，37 种）> PVDC 袋（0.14%，32 种）> 铝箔袋（0.09%，15 种）。

3. 结论

五种包装材料保藏方式相比，普通 PE 保鲜袋保藏的生姜所得挥发油化学成分最多，其与鲜生姜挥发油化学成分含量吻合度最高，铝箔保鲜袋保藏的生姜所得挥发油化学成分最少。其原因可能是普通 PE 保鲜袋较薄，包装蔬菜水果更有利于保持其新鲜度，防止其挥发油化学成分的流失，铝箔保鲜袋较厚，透气性较差，适合更低的温度储藏，抗菌保鲜袋及 LDPE 保鲜袋的影响相差不大，PVDC 保鲜袋对生姜挥发油化学成分影响相对较大。因此，在 13℃下使用普通 PE 保鲜袋更有利于保存生姜挥发油的化学成分。研究显示，储藏中不同包装材料生姜挥发油化学成分的含量存在较大差异，提示提取挥发油应考虑根据所需主要化学成分选择合适的包装材料。

参考文献

[1] Babu S C ,Gajanan S N, Sanyal P. Chapter 2–Implications of Technological Change, Post–Harvest Technology, and Technology Adoption for Improved Food Security–Application of t–Statistic[J]. Food Security, Poverty and Nutrition Policy Analysis (Second Edition), 2014: 29–61.

[2] Tiwari U, Cummins E. Factors influencing levels of phytochemicals in selected fruit and vegetables during pre–and post–harvest food processing operations[J]. Food Research International, 2013, 50(2): 497–506.

[3] 赵德婉 . 生姜丰产栽培 [M]. 北京 : 金盾出版社 , 2010.

[4] 薛婧 . 山药采后生理及贮藏技术研究 [D]. 河北农业大学 , 2008.

[5] 王静 , 徐为民 , 诸永志 , 等 . 贮藏温度对鲜切牛蒡褐变的影响 [J]. 江苏农业学报 ,2008; 24（4）:492–496.

[6] Policegoudra R S, Ardhya S M. Biochemical changes and antioxidant activity of mango ginger(Curcuma amada Roxb) rhizomes during postharvest storage at different temperatures [J]. Postharvest Biology and Technology, 2007, 46(2): 189–194.

[7] 王守经 , 于子厚 , 孙守义 , 等 . 辐照生姜的贮藏性状研究 [J]. 核农学报 , 2004, 18(1)26–29.

[8] Zhang C, Tian S. Crucial contribution of membrane lipid,s unsaturtion to acquisition of chilling–tolerance in peach fruit stored at 0℃ [J]. Food Chemistry, 2009, 115(2): 405–411.

[9] Pongprasert N, Sekozawa Y, Sugaya S, et al. A novel postharvest UV–C treatment to reduce chilling injury(membrane damage,browning and chlorophyll degradation) in banana peel[J]. Scientia Horticulturae, 2011, 130(1): 73–77.

[10] 刘继 . 仔姜采后保鲜技术及病害防治措施研究 [D]. 四川农业大学 , 2014, 6.

[11] torres A M , Barros G G, Palacios S A ,et al. Review on pre–and post–harvest management of peanuts to minimize aflatoxin contamination[J]. Food Research

International, 2014, 62: 11–19.

[12] 苏锡辉, 宋健, 邱志隆, 等. 温度对食品级 PVC 中 4 种增塑剂迁移量的影响 [J]. 食品研究与开发, 2012, 33(1): 190–192.

[13] 张国锋, 肖娜. PVDC 树脂发展现状及趋势 [J]. 广州化工, 2011, 39(24): 5–6.

[14] 冯叙桥, 范林林, 韩鹏祥, 等. 溶菌酶涂膜对鲜切“寒富”苹果的贮藏保鲜作用研究 [J]. 现代食品科技, 2014, 30(11): 125–132.

[15] 尹晓婷, 赵葵儿, 蒋星仪, 等. 超声波处理结合纳米包装对鲜切生菜品质的影响 [J]. 食品科学, 2015, 36(2): 250–254.

[16] 沈月, 刘超超, 高美须, 等. 辐照对鲜切彩椒品质的影响 [J]. 现代食品科技, 2014, 21(8): 212–218.

[17] XU Qinglian, XING Yage, CHE Zhenming, et *al*. Effect of chitosan coating and oil fumigation on the microbiological and quality safety of fresh–cut pear[J]. Journal of Food Safety, 2013, 33(2): 179–189.

[18] MOREIRA M R, PONCE A, ANSORENA R, et *al*. Effectiveness of edible coatings combined with mild heat shocks on microbial spoilage and sensory quality of fresh cut broccoli (Brassica oleracea L.)[J]. Journal of Food Science, 2011, 76(6): M367–M374.

[19] MOREIRA M R, ROURA S I, PONCE A. Effectiveness of chitosan edible coatings to improve microbiological and sensory quality of fresh cut broccoli[J]. LWT–Food Science and Technology, 2011, 44(10): 2335–2341.

[20] 贾洪锋, 陈云川, 孙俊秀, 等. 竹叶提取物的生理活性及其在食品中的应用 [J]. 食品与发酵科技, 2010, 46(4): 25–28.

[21] 孙立娜, 靳烨. 竹叶抗氧化物在冷却羊肉中的保鲜效果 [J]. 肉类研究, 2011, 25(2): 21–24.

[22] 杜传来. 鲜切慈姑贮藏中褐变的相关生理生化变化及酶促褐变机理的研究 [D]. 南京: 南京农业大学, 2006.

[23] SHEILA B, LUIS S, ISABEL A, et *al*. Combined effect of a low permeable film and edible coatings or calcium dips on the quality of fresh–cut pineapple[J]. Journal of Food Process Engineering, 2014, 37: 91–99.

[24] GUO Qin, LÜ Xin, XU Fei, et *al*. Chlorine dioxide treatment decreases respiration and ethylene synthesis in fresh–cut ‘Hami’ melon fruit[J]. International Journal

of Food Science and Technology, 2013, 48(9): 1775–1782.

[25] WANG Cheng, CHEN Yulong, XU Yujuan, et *al*. Effect of dimethyl dicarbonate as disinfectant on the quality of fresh–cut carrot (Daucus carotal.)[J]. Journal of Food Processing and Preservation, 2013, 37(5): 751–758.

[26] 解成俊 . 大有作为的果蔬保鲜涂膜技术 [J]. 农产品加工 (综合刊), 2013(9): 36–38.

[27] 张立华 , 张元湖 , 曹慧 , 等 . 石榴皮提取液对草莓的保鲜效果 [J]. 农业工程学报 , 2010, 26(2): 361–365.

[28] 王兆升 , 董海洲 , 刘传富 , 等 . 壳聚糖在鲜切生姜涂膜保鲜中的应用 [J]. 农业工程学报 , 2011, 27(增刊 2): 237–240.

[29] AELBARBARYA A M, MOSTAFAB T B. Effect of γ–rays on carboxymethyl chitosan for use as antioxidant and preservative coating for peach fruit[J]. Carbohydrate Polymers, 2014, 104(1): 109–117.

[30] 倪向梅 , 曹光群 . 竹叶提取物的体外抑菌及抗氧化活性的研究 [J]. 天然产物研究与开发 , 2011, 23(4): 717–721.

[31] 张林青 . 壳聚糖涂膜对樱桃番茄的保鲜效应 [J]. 江苏农业科学 , 2013, 41(8): 261–263.

[32] 曹馨月 , 齐海萍 , 郜伟 , 等 . 壳聚糖涂膜在果蔬保鲜中的应用研究进展 [J]. 安徽农业科学 , 2012, 40(33): 16336–16338.

[33] 王忠宾 , 辛国凤 , 宋小艺 , 等 . 不同时期生姜加工品质及姜油树脂成分分析 [J]. 食品科学 , 2013, 34(6): 6–10.

[34] 张卫明 , 肖正春 . 中国香辛料植物资源开发与利用 [M]. 南京 : 东南大学出版社 , 2007: 647–648.

[35] 张雪红 , 刘红星 . 姜酚的研究进展 [J]. 广西师范学院学报自然科学版 , 2009, 26(1): 110–113.

[36] 邹磊 . 生姜中生物活性物质及其研究进展 [J]. 中国酿造 , 2009, 213(12): 6–8.

[37] 刘继 . 仔姜采后保鲜技术及病害防治措施研究 [D]. 四川农业大学 , 2014.

[38] Ding S H, An K J, Zhao C P, *et al*. Effect of drying methods on volatiles of Chinese ginger (Zingiber officinale Roscoe)[J]. Food and Bioproducts Processing. 2012, 90(3): 515–524.

[39] 吴永娴 , 黄琼珍 , 王中凤 , 等 . 嫩姜贮藏品质的变化 [J]. 西南农业大学学报 ,

1999, (06): 532–536.

[40] 张天刚 . 贮藏生姜新妙法 [J]. 植物医生 , 2008, 21(5): 53.

[41] 王冀 . 生姜贮藏保鲜技术 [J]. 农家顾问 , 2009(7): 58–59.

[42] 陈守东 , 曹秀花 , 杨冠祥 . 生姜贮藏保鲜技术 [J]. 农林科技 , 2011(18): 231.

[43] 陈永强 . 鲜姜四季砂贮保鲜实验总结 [J]. 安徽农学通报 , 2008, 14(23): 109.

[44] 丁君 , 杨绍兰 , 吴昊 , 等 . 不同浓度的没食子酸丙酯对鲜切生姜保鲜特性的影响 [J]. 现代食品科技 , 2014, 30(09): 236–240+279.

[45] 杨桦 , 郝近人 , 易红 , 等 . 速冻保鲜技术用于生姜、地黄、石解保鲜的实验研究 [J]. 中国医药杂志 . 2000, 25(5): 277–279.

[46] 申恩情 , 杜会样 , 张万坤 , 等 . 罗平小黄姜的贮藏保鲜新方法 [J]. 中国蔬菜 , 2008(8): 24–26.

[47] 年彬彬 , 李盼 , 郭衍银 . O_2/CO_2 气调对生姜贮藏品质的影响 [J]. 食品研究与开发 , 2016, (06): 186–189.

[48] 李婷婷 . 高压脉冲电场对大蒜、洋葱和生姜抗氧化物质的影响 [D]. 吉林 : 吉林农业大学 , 2008: 1–62.

[49] 王守经 , 于子厚 , 孙守义 , 等 . 辐照生姜的贮藏性状研究 [J]. 核农学报 , 2004, (01): 26–29.

[50] 申恩情 , 杜会样 , 张万坤 , 等 . 罗平小黄姜的贮藏保鲜新方法 [J]. 中国蔬菜 , 2008(8): 24–26.

[51] 侯立娟 , 林金盛 , 方东路 , 等 . 脱氢醋酸钠对草菇外观品质和保护酶活性的影响 [J]. 江苏农业学报 , 2014, 30(06): 1484–1489.

[52] Wang C, Chen Y, Xu Y, et al. Effect of dimethyl dicarbonate as disinfectant on the quality of fresh-cut carrot (daucus carotal.) [J]. Journal of Food Processing and Preservation, 2013, 37(5): 751–758.

[53] 刘继 . 仔姜采后保鲜技术及病害防治措施研究 [D]. 四川农业大学 , 2014.

[54] 袁志 , 王明力 , 王丽娟 , 等 . 改性壳聚糖纳米 TiO_2 复合保鲜膜透性的研究 [J]. 中国农学通报 ,2010,26(11):67–72.

[55] 贾燕 . 生姜降辣技术研究及其应用 [D]. 天津科技大学 , 2014.

[56] 随国良 . 子姜贮藏保鲜技术的研究 [D]. 四川农业大学 , 2013.

[57] 郭英华 , 张振贤 , 关秋竹 . 姜的研究进展 [J]. 长江蔬菜 ,2005,(9):38–42.

[58] 卢传坚 , 欧明 , 王宁生 . 姜的化学成分分析研究概述 [J]. 中药新药与临床药

理,2003,14(3):215-217.

[59] 郑桥云.生姜保鲜贮藏法[J].贮藏加工,2012,(4):33-34.

[60] 朱丹实,刘仁斌.生姜成分差异及采后贮藏保鲜技术研究进展[J].食品工业科技,2015,(17):375-378.

[61] 秦继伟.生姜的贮藏[J].乡村科技,2010,(9):25-26.

[62] 陈守东,曹秀花,杨冠祥.农林科技[J].2011,(18)231-232.

[63] 林茂.生姜有效成分的分离提取技术及组成研究[D].重庆:西南大学,2007.

[64] 王兆升,董海洲,刘传富,等.壳聚糖在鲜切生姜涂膜保鲜中的应用[J].农业工程学报,2011,27(增刊2):237-241.

[65] 年彬彬,李盼,郭衍银,等.O_2/CO_2 气调对生姜贮藏品质的影响[J].食品研究与开发,2016,37-38.

[66] 申恩情,杜会祥,张万坤,等.罗平小黄姜的贮藏保鲜新方法[J].中国蔬菜,2008,(8):24-26.

[67] 周洪波,张洁玉.影响出口柑橘腐烂率的因素[J].中国商检,1994,(09):42-43.

[68] 杨崇武,宋振帅,穆阿丽,等.八角、丹参和生姜抗氧化作用和维生素稳定性保护比较研究[J].山东农业大学学报(自然科学版),2014,(03):340-346.

[69] 游玉明,周密.基于色泽判别技术预测山胡椒成熟过程中品质变化[J].食品工业科技,2013,(23):108-111.

[70] 徐坤,郑国生.水分胁迫对生姜光合作用及保护酶活性的影响[J].园艺学报,2000,(01):47-51.

[71] 丁君,杨绍兰,吴昊,等.不同浓度的没食子酸丙酯对鲜切生姜保鲜特性的影响[J].现代食品科技,2014,(09):236-240.

[72] 闫秋成,姜秀梅.酸度计连续滴定法测定果汁中总酸及氨基态氮[J].山东畜牧兽医,2012,(02):8-9.

[73] 韩燕全,洪燕,姜蕾,等.姜的炮制、质控和药理研究进展[J].中国现代中药杂志,2011,13(4):50-53.

[74] 莫开菊,罗祖友,张驰,等.风味糟姜的护色技术研究[J].食品科学,2002,(8):101-102.

[75] 于大胜,邓中国.姜精油和姜油树脂提取工艺研究进展[J].安徽农业科学,2010,38(31):17474-17476.

[76] 韩燕全,左冬,夏伦祝,等.不同干燥方法和温度对干姜中6、8、10-姜酚

含量的影响 [J]. 中药材 , 2011, 35(10):1512–1514.

[77] 张钟 , 刘晓明 . 不同干燥方法对生姜粉物理性质的影响 [J]. 包装与食品机械 , 2005, 23(3):10–14.

[78] 杨健 , 王兆进 , 李海伟 , 等 . 不同干燥方法对生姜 6– 姜酚含量的影响 [J]. 中国食品添加剂 , 2012, (6):111–114.

[79] 李娟 , 王智民 , 高慧敏 . 炮制对生姜及其不同炮制品中挥发性成分的影响 [J]. 中国实验方剂学杂志 , 2012, 18(19):77–81.

[80] 韩燕全 , 洪燕 , 左东 , 等 . 不同干燥工艺干姜的 UPLC 特征指纹图谱比较研究 [J]. 中成药 , 2012, 34(6):987–990.

[81] 王亚辉 , 邓红 , 张瑛 . 生姜真空冷冻干燥工艺条件优化 [J]. 农产品加工 , 2008, (4):73–77.

[82] 张光杰 , 袁超 , 李丰 . 真空冷冻干燥生姜粉工艺优化研究 [J]. 山东食品发酵 , 2012, (2):27–32.

[83] 张涛 , 赵士杰 , 冉雪 . 生姜热风干燥实验研究 [J]. 农机化研究 , 2014, (4):160–166.

[84] 张艺 , 张甫生 , 宋莹莹 , 等 . 干燥条件对青花椒色泽的影响 [J]. 食品科学 , 2014, 35(5):23–27.

[85] 任夏 , 邱军 , 段苏珍 , 等 . 色差仪在烤烟烟叶颜色检测中的应用 [J]. 江苏农业科学 , 2014, 42(7):335–337.

[86] 曹连平 , 王力民 , 李锡军 , 等 . 色差仪的应用实践 [J]. 印染 , 2004, (24):33–38.

[87] 张智勇 , 孙辉 , 王春 , 等 . 利用色彩色差仪评价面条色泽的研究 [J]. 营养与品质 , 2013, 21(2):55–58.

[88] 周国燕 , 詹博 , 桑迎迎 , 等 . 不同干燥方法对三七内部结构和复水品质的影响 [J]. 食品科学 , 2011, 32(20):44–47.

[89] 姚依茜 , 周丽婷 , 朱红薇 , 等 . 索氏提取法和水蒸气蒸馏法提取新丰生姜精油的比较研究 [J]. 嘉兴学院学报 , 2013, 25(6):80–84.

[90] 回瑞华 , 侯冬岩 , 李铁纯 , 等 . 两种方法提取生姜中挥发性化学成分的研究 [J]. 鞍山师范学院学报 , 2009, 11(6):29–31.

[91] 朱沛沛 , 张菲 , 任佳静 , 等 . 生姜姜辣素提取工艺的研究进展 [J]. 农业工程技术（农产品加工业）, 2011, (11):38–41.

[92] 唐仕荣 , 宋慧 , 苗敬芝 , 等 . 超声波技术提取姜辣素的工艺研究 [J]. 中国调味

品 , 2009, 34(1):46–49.

[93] HANS WOHLMUTH, DAVID N. LEACH, MIKE K. SMITH. Gingerol Content of Diploid and Tetraploid Clones of Ginger (Zingiber officinale Roscoe)[J]. J. Aqric. Food Chem., 2005, 53(14):5772–5778.

[94] 王维皓 , 王智民 , 徐丽珍 , 等 . HPLC 法测定生姜中有效成分 6- 姜辣素的含量 [J]. 中国中药杂志 , 2002, 27(5):348–349.

[95] 张永鑫 , 李俊松 , 陈丽华 , 等 . 高效液相色谱法同时测定姜及其不同炮制品中 5 种姜辣素的含量 [J]. 中国药学杂志 , 2012, 47(6):471–474.

[96] 战琨友 , 董灿兴 , 徐坤 . 生姜精油、浸膏和油树脂的提取及成分分析 [J]. 精细化工 . 2009, 26(7):685–690.

[97] 陈燕 , 倪元颖 , 蔡同一 . 生姜提取物——精油与油树脂的研究进展 [J]. 食品科学 , 2000, 21(8):6–8.

[98] 王忠宾 , 辛国凤 , 宋小艺 , 等 . 不同时期生姜加工品质及姜油树脂成分分析 [J]. 食品科学 , 34(6):6–9.

[99] 崔俭杰 , 李琼 . 中国不同产地姜油挥发性成分的对比分析 [J]. 香料香精化妆品 , 2011, (1):1–5.

[100] Chinese Pharmacopoeia Commission (国家药典委员会).Pharmacopoeia of the People' s Republic of China （中华人民共和国药典）.Beijing:China Medical Science and Technology Press,2010.Vol 1,93.

[101] 胡炜彦 , 张荣平 , 唐丽萍 , 等 . 生姜化学和药理研究进展 [J]. 中国民族民间医药 , 2008(9): 10–14.

[102] 邹磊 . 生姜中生物活性物质及其研究进展 [J]. 中国酿造 , 2009(12): 6–9.

[103] 刘雪梅 . 生姜的药理作用研究进展 [J]. 中成药 ,2002,24(7): 539.

[104] 营大礼 . 干姜化学成分及药理作用研究进展 [J]. 中国药房 ,2008,19(18): 14–35.

[105] 林茂 , 阚建全 . 鲜姜和干姜精油成分的 GC–MS 研究 [J]. 食品科学 , 2008, 29(1): 283–285.

[106] 徐娓 , 丁静 , 赵义 . 不同干燥条件下生姜挥发油成分的 GC/MS 分析 [J]. 中成药 , 2008, 30(3): 399–401.

[107] 陈帅华 , 李晓如 , 韦超 . 生姜与生姜皮挥发油成分的分析 [J]. 福建分析测试 , 2011, 20(4): 11–16.

[108] 宏声 . 生姜保鲜贮藏的四种方法 [J]. 农家科技 , 2008(10):1–2.

[109] 王冀 . 生姜贮藏保鲜技术 [J]. 农家顾问 , 2009(07):13–20.

[110] 谭建宁 . 不同产地生姜挥发油化学成分的 GC–MS 研究 [J]. 亚太传统医药 , 2011, 7(4): 23–25.

[111] 崔爽 . 果蔬保鲜包装 [J]. 包装工程 , 2007(04):15–34.

[112] 张敏 . 包装材料的透气性对枇杷保鲜影响的研究 [J]. 食品科学 , 2008(12):231–259.

[113] 胡霞 , 龚珊 , 陆筱彬 , 冯怡 . 食品包装材料综述 [J]. 科技创新导报 , 2008(01):35–43.

[114] 铝箔塑料膜的研究 [J]. 长春机械厂 , 第六研究所 ,1966(01):1–10.

[115] 崔庆新 , 董岩 . 生姜挥发油化学成分的 GC–MS 分析研究 [J]. 聊城大学学报 (自然科学版), 2006(02):12–18.

[116] CHUNG ILL–MIN,PRAVEEN NAGELLA,KIM SUN–JIN,et al. GC–MS a–nalysis of the essential oil and petroleum ether extract of different regionsof korean ginger(Zingiber officinale)and antioxidant activity. AsianJournal of Chemistry . 2012(02):3–5.

[117] Milene Mayumi Garcia Yamamoto–Ribeiro,Renata Grespan,C á ssia Yumie Kohiyama,Flavio Dias Ferreira,Simone Aparecida Galerani Mossini,Expedito Leite Silva,Benicio Alves de Abreu Filho,Jane Martha Graton Mikcha,Miguel Machinski Junior.Effect of Zingiber officinale essential oil on Fusarium verticillioides and fumonisin production[J] . Food Chemistry . 2013 (03):15–17.

第二部分

生姜加工方法研究

第一章 无硫姜糖片加工工艺研究

生姜的加工的方式比较多，如盐渍、糖渍、酱渍、干制等。我国传统的生姜加工制品包括糖姜片、咸姜片、脱水姜片、姜粉、姜汁、糖渍姜脯等，目前也开发出了姜茶、生姜果糖、糕点，姜醋饮料、姜汁奶制品等风味食品，在德国还开发了姜汁啤酒，但是其中以姜茶类产品最为常见。生姜的一些功能研究为生姜的产品的开发提供了可靠的理论依据，为进一步的生姜食品研发奠定了基础。

传统的仔姜制品品种繁多，其中糖姜片以食糖的防腐保藏作用为基础加工制成，这不仅改善了原料的食用品质，赋予产品良好的风味，而且提高了产品在保藏和贮运期的品质和期限，糖姜片色白或带淡黄，味甘微辣，具独特的风味，优良的祛风去寒，防止吐呕的功效，深受消费者的喜爱，并且随着人们滋补、保健意识的增强，仔姜的食用药用价值更引起人们的重视，仔姜制品的花色品种也在不断增加。以往糖姜片的制作工艺中，制品纤维多、口感差，食后生渣、色泽暗黄，失去了原姜具有的色泽，脆度也不好，且味辣，且姜片的护色处理一直用亚硫酸盐等含硫物质，其感官品质虽然令人满意，但是对人体的健康有很大影响。1981 年澳大利亚的 David Allen 和美国 Donald Stevenson 等首次提出了亚硫酸盐的安全性问题，随后又有报道表明，亚硫酸盐可诱发过敏性疾病和哮喘病，同时破坏维生素 B_1，为规范其用量和减轻其危害，FAO/WHO1994 年规定每日最大允许摄入量为 0.7mg/kg 体重，食品中的允许残留量因种类而异，其范围是 10~100mg/kg。但是当一个人一天进食多种含硫食品时，就有可能摄取过量，出现不同程度的中毒现象。基于上述原因，目前食品添加剂与污染物食品法典委员会 (CCFAC) 正在将食品添加剂从单个食品向覆盖各种食品的食品添加剂通用标准 (GSFA) 发展，而 GSFA 则要考虑总摄入量的评估。当 GSFA 颁布后，普遍使用的亚硫酸盐将受到约束，而国内外食品科学工作者亦致力于开展替代亚硫酸盐的护色剂研究，对于加工食品，尤其是对需要长时间高温加热煮制的、护色难度大的糖制品的无硫护色研究。

1. 材料与方法

1.1 实验材料

市售仔姜（新鲜、无腐烂）。

1.2 实验试剂

市售白砂糖（食用级），氯化钙、EDTA-2Na、柠檬酸（以上试剂均为分析纯）。

1.3 实验仪器

DZF 系列真空干燥箱：上海跃进医疗器械有限公司；TC-400 真空包装机：上海统筹包装机械有限公司；TCP2 全自动色差计：北京奥依克光电仪器有限公司。

1.4 实验方法

1.4.1 预处理

选择肉质肥厚少筋，块形较大的新鲜仔姜做原料，将新鲜仔姜水洗后去掉污泥，然后刮去表皮再清洗干净，仔姜切片时，顺着纤维或斜纤维方向，且厚薄一致，其后再清洗一次。

1.4.2 护色处理

将预处理好的姜片放在 90℃的护色液中热烫 10min，及时冷却，然后浸泡 2h。先进行不同护色剂的单因素实验，然后再做三种不同护色剂的复合处理实验，采用 TCP2 型全自动测色色差计测定糖姜片的 L 值，L 代表亮度，L 值越大，表示颜色越白，褐变越轻，从而确定最佳护色液。

表2-1-1　三种护色液复合处理正交设计表L_9（3^3）

Table 2-1-1　formula orthogonal table of three kinds of color liquid composite processing

水平（Level）	因素（Factors）	
	糖液浓度（A）(sugar concentration)	糖渍时间（B）(glace time)
1	20%	2h

续 表

水平（Level）	因素（Factors）	
	糖液浓度（A）(sugar concentration)	糖渍时间（B）(glace time)
2	40%	4h
3	60%	6h

1.4.3 漂洗

用与姜片质量相同的水淘洗已护色的姜片，沥干表面水分。

1.4.4 糖煮和糖渍

配制不同浓度的白砂糖溶液，倒入锅中，再加入已淘洗沥干明水的姜片，加热维持微沸 10min，离火，自然冷却，再通过设定不同的糖渍时间进行重复糖煮浸渍二次，第 4 次加热时，煮制到终点。煮制过程中，当锅中糖液变黏时，用文火并快速搅拌至糖刚好能拉丝时，离火冷却并装入盘中，通过测定其在不同条件下的 *L* 值来选出其最佳糖液浓度和糖渍时间。

表2-1-2　糖液浓度和糖渍时间正交设计表$L_9(3^3)$

Table 2-1-2　formula orthogonal table of three kinds of sugar solution concentration and conserving time

水平（Level）	因素（Factors）	
	糖液浓度（A）(sugar concentration)	糖渍时间（B）(glace time)
1	20%	2h
2	40%	4h
3	60%	6h

1.4.5 烘干

将已装盘的糖姜片放入烘箱中烘至一段时间，待颜色呈淡黄色或黄色、姜片表面不粘手时，取出冷却后用真空包装机进行包装。根据不同的干燥温度和干燥时间，通过测定其 *L* 值来观察其色泽变化，从而选出最优干燥组合。

表2-1-3 干燥温度和干燥时间正交设计表$L_9(3^2)$

Table 2-1-3 formula orthogonal table of three kinds of drying temperature and drying time

水平 (Level)	因素 (Factors)	
	干燥温度(A) (drying temperature)	干燥时间(B) (conserving time)
1	40℃	2h
2	50℃	4h
3	60℃	6h

1.4.6 感官评价

以姜糖片的色泽、气味、滋味、质地进行评价，采用10名评价员对加工后的姜糖片进行评分，满分100分，其中色泽20分，气味20分，滋味40分，质地20分。对姜糖片的感官质量进行评价分析时，将每个评价员的打分表汇总到一起，制作出汇总统计表进行统计分析，从而得出糖姜片的质量级别和差异程度。

表2-1-4 评分标准

Table 2-1-4 Scoring criteria

色泽	气味	口味	质地
1. 符合感官指标要求者得20分	1. 符合感官指标要求者得20分	1. 符合感官指标要求者得40分	1. 符合感官指标要求者得20分
2. 有褐色斑点、色泽不均匀等扣1~10分	2. 有轻微异味扣1~8分	2. 有轻微杂味及其他异味扣1~10分	2. 具备本品基本性状，有轻微粘手，少许纤维扣1~5分
3. 色泽变化较大扣10分以上	3. 邪杂气大，完全无籽姜香味扣8分以上	3. 杂味重，姜辣味不明显扣10分以上	3. 完全不具备本品质地要求的扣5分以上

2. 结果与分析

2.1 不同护色剂及其复合处理对糖姜片的护色效果研究

2.1.1 不同浓度的柠檬酸对糖姜片的护色效果

将预处理好姜片放在90℃的不同浓度的柠檬酸护色液中热烫10min，冷却后再浸泡2h后，再用色差计测定不同浓度下糖姜片的L值，确定最佳柠檬酸护色液浓度，如图2-1-1所示。

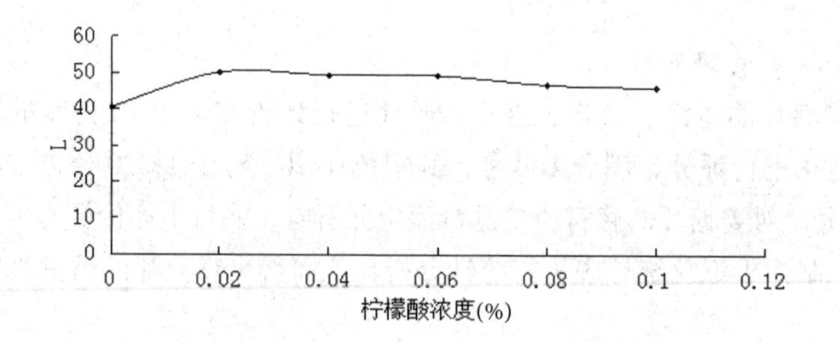

图2-1-1　不同的柠檬酸浓度护色处理中糖姜片白度的变化

Figure 2-1-1　the change of whiteness value of sugar ginger in the color processing of different concentration of citric acid

从图2-1-1可看出糖姜片的L值随着柠檬酸浓度的增大而减小，单独处理时，柠檬酸的最适护色浓度为0.02%，这是因为柠檬酸具有较强的螯合作用，能与多种促氧化的金属发生螯合作用，产生抗氧化作用，故能达到护色的目的。

2.1.2 不同浓度的EDTA-2Na对糖姜片的护色效果

将预处理好姜片放在90℃的不同浓度的EDTA-2Na护色液中热烫10min，冷却后再浸泡2h后，再用色差计测定不同浓度下，糖姜片的L值，确定最佳EDTA-2Na护色液浓度，如图2-1-2所示。

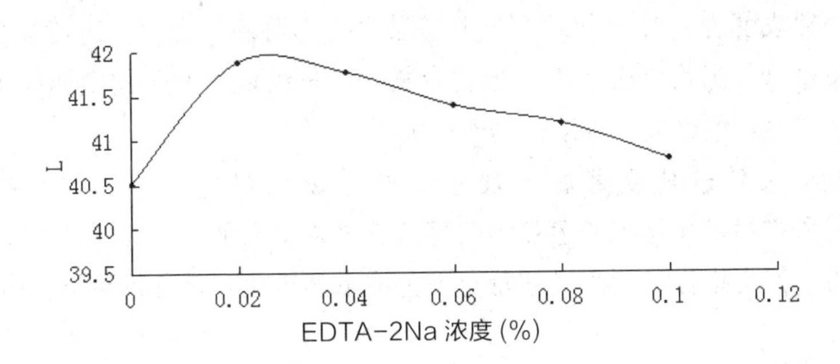

图 2-1-2　不同的 EDTA-2Na 浓度护色处理中糖姜片白度的变化

Figure 2-1-2　the change of whiteness value of sugar ginger in the color processing of different concentration of Sodium EDTA-2

从图 2-1-2 中可看出糖姜片的 L 值随着 EDTA-2Na 浓度的增大而减小，其最适浓度为 0.02%，EDTA-2Na 对多数金属离子均有很强的螯合作用，能很好地控制酚类化合物的氧化变色及酚类化合物与金属离子的络合显色反应，但对美拉德反应的控制不及柠檬酸提供的适宜酸性环境有效。

2.1.3 不同浓度的氯化钙对糖姜片的护色效果

将预处理好姜片放在 90℃的不同浓度的氯化钙护色液中热烫 10min，冷却后再浸泡 2h 后，再用色差计测定不同浓度下糖姜片的 L 值，确定最佳氯化钙护色液浓度，如图 2-1-3 所示。

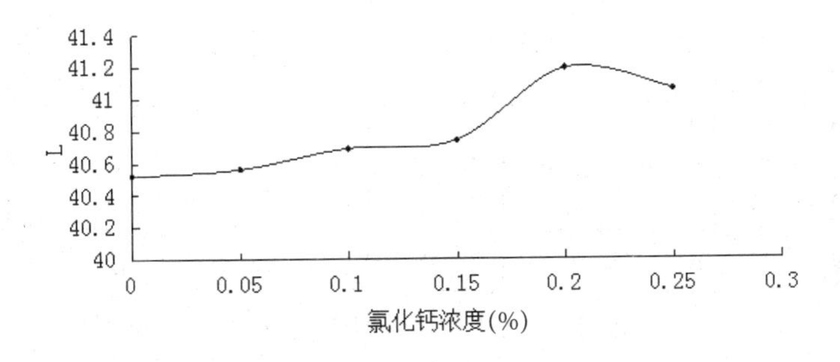

图 2-1-3　不同的氯化钙浓度护色处理中糖姜片白度的变化

Figure 2-1-3　the change of whiteness value of sugar ginger in the color processing of different concentration of Calcium chloride

图 2-1-3 表明糖姜片的 L 值随着氯化钙浓度的增大先增大后减小，氯化钙

的最适处理浓度为0.2%，钙可同氨基酸结合为不溶性化合物，适当抑制美拉德反应，还可以与酚类结合产生无色化合物，竞争性地抑制其他金属离子与酚类物质结合产生有色反应，可以控制非酶褐变。

2.1.4 三种护色液复合处理后的护色效果研究

从每种护色液中选取护色效果较好的三种浓度水平进行 $L_9(3^3)$ 正交实验，以姜片的 *L* 值为指标，确定最佳复合护色液浓度组合，其分析结果见表2-1-5、2-1-6。

表2-1-5 三种护色液复合处理后的正交实验方案及结果

Table 2-1-5 Orthogonal experimental analysis of protecting color after compounded disposal of three kinds of color liquid

实验号 (The experiment number)	因素 (Factors)			*L* 值
	(A) 柠檬酸 (citric acid)	(B)EDTA-2Na (Sodium EDTA-2)	(C) 氯化钙 (Calcium chloride)	
1	1	2	3	47.19
2	1	3	2	46.72
3	1	1	1	45.26
4	2	3	3	45.76
5	2	2	1	45.57
6	2	1	2	46.32
7	3	3	1	45.89
8	3	1	3	45.24
9	3	2	2	45.72
K1	46.39	45.607	45.573	
K2	45.833	46.160	46.253	
K3	45.617	46.123	46.063	
极差	0.733	0.553	0.68	

表2-1-6 方差分析表

Table 2-1-6 Analysis of variance

因素	平方和	自由度	均方	*F* 值	Sig.
A(柠檬酸)	0.926	2	0.463	0.744	0.573
B(EDTA-2Na)	0.574	2	0.287	0.462	0.684
C(氯化钙)	0.739	2	0.369	0.594	0.627
误差	1.244	6	0.622		

由表2-1-5直观分析中极差比较以及表2-1-6方差分析中平方和比较可知，影响糖姜片色泽因素的主次程序为柠檬酸、氯化钙、EDTA-2Na，其中以0.02%柠檬酸、0.04%EDTA-2Na和0.2%氯化钙的组合效果最好，但未包含在正交组合中，在正交组合处理中，以0.02%柠檬酸、0.04%EDTA-2Na和0.25%氯化钙的护色效果最好。

2.2 不同的糖液浓度和糖渍时间对糖姜片糖煮后色泽的影响

取漂洗后仔姜片按照不同糖液和糖渍时间对其进行处理，并进行正交实验，考察糖姜片的色泽变化从而考察其对糖煮情况的影响，确定最佳糖液浓度和糖渍时间。

表2-1-7 糖液浓度和糖渍时间的正交实验方案及结果

Table 2-1-7 Orthogonal experimental analysis of sugar solution concentration and glace time

实验号 (The experiment number)	因素(Factors)		*L* 值
	(A) 糖液浓度 (sugar concentration)	(B) 糖渍时间 (glace time)	
1	1	2	40.28
2	1	1	40.16
3	1	3	40.68
4	2	1	40.92
5	2	2	42.13

续 表

实验号 (The experiment number)	因素 (Factors)		L 值
	(A) 糖液浓度 (sugar concentration)	(B) 糖渍时间 (glace time)	
6	2	3	42.18
7	3	2	41.10
8	3	1	41.53
9	3	3	41.05
K1	40.373	40.87	
K2	41.743	41.17	
K3	41.227	41.303	
极差	1.37	0.3	

表2-1-8 方差分析表

Table 2-1-8 Analysis of variance

因素	平方和	自由度	均方	F 值	Sig.
A(糖液浓度)	2.872	2	1.436	5.687	0.068
B(糖渍时间)	0.296	2	0.148	0.585	0.598
误差	1.01	4	0.253		

由上表极差分析和方差分析可知，影响姜片色泽因素的主次程序为糖液浓度、糖渍时间，其中以40%糖液浓度、6h糖渍时间的组合效果最好，该条件下糖姜片的L值最高，色泽变化最小。这是因为含糖量减少会相应导致含水量增加，这样会降低渗透压，有利于有害微生物的活动，不利于保藏，糖液对姜片的保护作用还表现在它的氧化功能，氧气在高浓度糖液中溶解度很小，糖液中氧溶量低，可防止姜片氧化变质，从而提高其保藏效果。

2.3 不同的干燥温度及时间对糖姜片色泽的影响

在真空干燥条件下，采取不同的温度进行干燥，以及选择合适的干燥时间进行 $L_9(3^3)$ 正交实验，以姜片的 L 值为指标，确定最佳的真空干燥温度和干燥时间。

表2-1-9　干燥温度和干燥时间的正交实验方案及结果

Table 2-1-9　Orthogonal experimental analysis of drying temperature and drying time

实验号 (The experiment number)	因素 (Factors)		L 值
	(A) 干燥温度 (drying temperature)	(B) 干燥时间 (conserving time)	
1	1	1	31.12
2	1	2	41.18
3	1	3	41.39
4	2	2	40.96
5	2	3	41.58
6	2	1	41.65
7	3	1	41.57
8	3	3	42.62
9	3	2	42.78
K1	37.897	38.113	
K2	41.397	41.64	
K3	42.323	41.863	
极差	4.426	3.75	

表2-1-10　方差分析表

Table 2-1-10　Analysis of variance

因素	平方和	自由度	均方	F 值	Sig.
A(干燥温度)	32.704	2	16.352	1.503	0.326
B(干燥时间)	26.55	2	13.275	1.220	0.386
误差	43.51	4	10.877		

由极差分析和方差分析可知，影响糖姜片色泽因素的主次程序为干燥温度和干燥时间，其中以干燥温度 60℃和干燥时间 6h 的组合效果最好，但未包含

在正交组合中，在正交组合处理中，当干燥温度为60℃、干燥时间为4h，糖姜片的L值最高，色泽变化最小。在糖姜片真空干燥过程中，温度过高易使糖分和其他有机物分解或焦化，有损成品外观和风味；温度过低则会使烘干时间延长，易发生不良变化，成品品质差，因此在烘干过程中应随时观察姜片色泽变化，待颜色呈淡黄色或黄色时取出冷却。

2.4 质量评价

2.4.1 感官指标

色泽：呈透明或半透明状，淡黄色或棕黄色且色泽均匀。

气味：具有天然糖制仔姜所特有的香味、异味。

口味：味道纯正，脆爽可口，保持固有的姜辣味，清甜微辣。

质地：吸糖饱满、柔软，表面不粘手，不显露纤维。

表2-1-11 评分统计

Table 2-1-11 Score statistics

评价员	1	2	3	4	5	6	7	8	9	10	合计
糖姜片评分	80	80	84	84	87	88	83	86	82	77	831

通过对实验最终所制得的糖姜片进行感官评定，感官质量评价良好。

2.4.2 理化指标

总糖含量在30%~40%以内。

水分含量在18%~22%以内。

2.4.3 微生物指标

大肠菌群≤ 30个/100g。

霉菌和酵母(cfu/g) ≤ 20。

致病菌（沙门氏菌、志贺氏菌、金黄色葡萄球菌）未检出。

3. 结论

3.1 柠檬酸、EDTA-2Na和氯化钙这三种护色剂对姜片的护色均有一定的效果，单独处理时以0.02%柠檬酸处理效果为最好，其次是0.02%EDTA-2Na

和 0.2% 氯化钙。但当三种护色剂复合使用时的效果要优于单一护色液的处理效果，其中以 0.02% 柠檬酸、0.04%EDTA-2Na 和 0.25% 氯化钙复合护色液护色处理效果最好。

3.2 在研究其糖煮工艺时，发现当糖液浓度为 40%，糖渍时间为 6h 时，糖姜片的色泽变化最小。

3.3 研究真空干燥工艺时，当干燥温度为 60℃，干燥时间为 4h 时，糖姜片的色泽变化最小。

3.4 通过对实验最终所制得的糖姜片进行感官评定，感官质量评价良好。

第二章　生姜红糖泡腾片的加工工艺研究

红糖是未经精炼的粗糖，保留了较多的维生素和矿物质。它不但适合女性、老人食用，特别适合年老体弱及大病初愈的人，是常见又实用的养生饮品。红糖具有益气养血，健脾暖胃，祛风散寒，活血化瘀之效。

本研究将生姜和红糖并用制成具有发汗解表、温胃散寒等功效的泡腾片，不仅拓展了生姜、红糖的应用领域，增加生姜、红糖在食品工业的应用领域，提高生姜、红糖产品的附加值，延伸生姜、红糖产业链，促进生姜、红糖产业的良性发展，改善传统农业结构，增加农民收入。而且比较符合人们对食品的便携、方便的要求。因此，本研究具有直接的经济效益和实用价值。

1. 材料与方法

1.1 材料与试剂

1.1.1 生姜浓缩液

吉水县俊达香料油厂，生姜超微粉（重庆文理学院实验室），碳酸氢钠、柠檬酸均为食品级，麦芽糊精（山东西王糖业有限公司），白砂糖、红糖，购买于重庆文理学院星湖校区帝恩超市。

1.1.2 仪器与设备

Q/BKYY31–2000 电热恒温鼓风干燥箱（上海跃进医疗器械厂），FM1000 型万能粉碎机（天津市泰斯特仪器有限公司）。

1.2 方法

1.2.1 工艺流程

6层纱布过滤，浓缩生姜液+生姜粉 ⟶ { 碳酸氢钠＋填充剂；姜膏；柠檬酸＋填充剂＋甜味剂 } 分别混匀,45℃干燥10min，混匀，直接压片，在40~45℃干燥2h，包装

1.2.2 操作要点

（1）生姜粉中含有很多纤维，在溶解的时候会影响溶液的澄清度，所以要进行过滤处理。并且进行水浴浓缩，在70℃进行浓缩，温度不宜过高，防止生姜中的风味物质的挥发。

（2）姜膏一式两份，分别与柠檬酸、碳酸氢钠混合，进行干燥处理。

（3）柠檬酸、红糖要进行粉碎处理，将红糖进行干燥后，用万能粉碎机进行粉碎，过80目筛。

1.2.3 崩解时限的测定

参照中国药典2010版一部附录Ⅻ A进行。

1.2.4 评价方法

评分标准评价得分是制得的泡腾片溶于200mL 60℃水后的感官（50分）、崩解时限（50分）2个指标得分总得分。各指标如表2-2-1所示。

表2-2-1　指标评分标准

Table 2-2-1　index score standard

评分指标	评分标准			
	很好（45~50分）	好（40~45分）	一般（35~40分）	差（<35分）
感官	片厚度均匀，表面光滑；溶液澄清，橙黄色；生姜味适中，酸甜适中	片厚度较均匀，表面较均匀；溶液清淡橙黄色；淡淡的生姜味，酸甜适中	片厚度较均匀，但表面较粗糙；闻着有生姜味，喝着无生姜味；淡黄色；淡淡的酸味或甜味；溶液较澄清	厚度不均匀，表面粗糙，且裂开；淡淡的黄色；无生姜味，太甜或太酸；溶液有颗粒物质或者浑浊
崩解时限	< 1min	1~1.30min	1.30~2min	> 2min

1.2.5 单因素实验

（1）生姜添加量的单因素实验：生姜是本研究泡腾片的主料，它的添加量至关重要。称取0.3g，0.5g，0.7g的生姜膏，按1.3进行操作实验，对感官、崩解时限进行评价，以确定较为合适的添加量[10]。

（2）泡腾剂配比实验：在生姜添加量一定的情况下，以柠檬酸作为酸源，以碳酸氢钠作为二氧化碳源，分别称取柠檬酸2.5g，2g，2g，碳酸氢钠2g，2g，2.5g的配比进行压片，并从崩解时限、感官这两个方面进行比较。得出较好的配比参数。

（3）填充剂的单因素实验：选择麦芽糊精作为填充剂[12]，在选择生姜和泡腾剂一定的情况下，分别以填充剂 4.5g，5g，5.5g 进行单因素实验，以填充剂对泡腾片崩解时限、感官评价指标，根据综合评分选择最佳添加量。

（4）甜味剂的配比实验：实验选择红糖和甜菊糖苷复配作为甜味剂，红糖 3g，3.5g，4g，甜菊糖苷 0.28g，0.24g，0.2g 进行配比压片，对感官、崩解时限进行评价，并根据综合评分选择最佳添加量。

（5）响应面实验：在单因素实验基础上，分别确定生姜膏、填充剂、泡腾剂、麦芽糊精的量，以生姜量 (A)、柠檬酸 (B)、碳酸氢钠 (C) 选取 3 个因素，分别以溶液的感官、崩解时限的综合评分（Y）为响应值，建立最优方案。

表2-2-1 泡腾片加工因素水平表

水平	因素		
	生姜量 (g)	柠檬酸 (g)	碳酸氢钠 (g)
1	0.5	2	2
2	0.7	2.5	2.25
3	0.9	3	2.5

2. 结果与分析

2.1 生姜添加量的确定

生姜泡腾片的感官质量主要取决于生姜的添加量，尤其是色泽和口感是生姜泡腾片重要感官指标。因此，在生姜泡腾片的加工中，要尽量保持各组分的混合均匀。其对感官质量的影响见表 2-2-2。根据表 2-2-2 的综合评分，生姜添加 0.5、0.7、0.9 感官和崩解时限的整体得分较好，同时考虑到对辣味的不同寻求人群，选择以上 3 种生姜添加总量进行响应面实验。

表2-2-2　生姜添加量对生姜红糖泡腾片感官质量的影响

Table 2-2-2　Effect of addition of ginger brown sugar ginger on the sensory quality of effervescent tablets

生姜添加量 (g)	感官	崩解时限 (min)	综合评分
0.3	淡淡的姜黄色，没有姜味，溶液澄清	0.50	75
0.5	淡姜黄，有淡淡的姜味，溶液澄清	1.10	80
0.7	橙黄色，姜味适中，较澄清	1.30	80
0.9	橙黄色，姜味较大，较澄清	1.40	83
1.1	橙黄色，辣味刺激，有较多的颗粒物质	2.10	70

2.2 泡腾剂配比的确定

选择碳酸氢钠作为碱式来源，柠檬酸作为酸式来源，碳酸氢钠与柠檬酸反应产生 CO_2，给人以一种爽口的感觉。其添加量影响泡腾片的崩解时限，并且对口感也有影响。泡腾剂的添加量对以上因素的影响见表 2-2-3。从表 2-2-3 可以看出，碳酸氢钠和柠檬酸比例在 2 ∶ 2，2.25 ∶ 2.5 口感较好，并且崩解时间都在 3min 以内，但考虑到崩解时限这一因素，所以选择碳酸氢钠、柠檬酸分别为 2 ∶ 2，2.25 ∶ 2.5，2.5 ∶ 3 这 3 种配比进行响应面实验。

表2-2-3　泡腾剂配比对生姜红糖泡腾片风味的影响

Table 2-2-3　Effect of effervescent agent ratio on the flavor of ginger brown sugar effervescent tablets

碳酸氢钠 (g)	柠檬酸 (g)	崩解时限 (min)	口感	综合得分
2	2	1.30	酸甜适中	81
2.25	2.5	1.20	淡淡的有酸味	80
2.5	3	1.15	酸味较重	74
2.75	3.5	0.56	有酸味，有较重的不愉快的味道	70

2.3 填充剂的单因素实验

填充剂应该是完全溶于水的，选择麦芽糊精水溶性较好并且对泡腾片的口味影响不大。填充剂与泡腾片压片的外观和是否裂解有密切的关系。根据生姜添加量的单因素实验，选择 0.7g 的生姜添加量，然后根据崩解时限和色泽和外观来进行评价，见表 2-2-4。根据表 2-2-4，可以看出当添加量为 3.5 时，压片时会产生 CO_2，压片不成功，添加量在 4.5 到 5 之间较好，但是根据崩解时限和综合评分，选择 4.5g 麦芽糊精作为填充剂。

表2-2-4 填充剂添加量对生姜红糖泡腾片性质的影响

Table 2-2-4 Effect of filler addition on the properties of ginger brown sugar effervescent tablets

麦芽糊精 (g)	崩解时限 (min)	感官	综合评分
3.5		压片不成型	
4	1.24	烘干时裂解，表面粗糙姜味较大，较澄清	78
4.5	1.36	烘干时无裂解，表面较光滑橙黄色，姜味较大。较澄清	82
5	1.59	烘干时无裂解，表面较光滑，橙黄色，姜味较大，较澄清	78

2.4 甜味剂的单因素实验

甜味剂是制作生姜红糖泡腾片的主要辅料之一，用量不当将影响泡腾片的口感。红糖的添加量也将影响泡腾片的色泽，红糖和甜味剂进行复配实验，从感官和崩解时限进行评价 [18, 19]。甜味剂及其用量对生姜红糖泡腾片感官的影响结果见表 2-2-5，可由表 2-2-4 看出，当红糖与甜菊糖苷的比例为 4 ：0.24 口感、色泽较好，同时综合评分也较好。所以选择红糖与甜菊糖苷的比例为 4：0.24 为甜味剂的最佳实验参数。

表2-2-5 甜味剂及其用量对生姜红糖泡腾片感官的影响

Table 2-2-5 Effect of sweetening agent and dosage of ginger brown sugar effervescent tablets of the senses

红糖 (g)	甜菊糖苷	感官	崩解时限	综合评分
2	0.28	淡淡的黄色，甜的发苦	0.59	80
3	0.24	淡黄色，较甜	1.15	81
4	0.20	淡棕黄色，甜度适中	1.24	84
5	0.16	棕黄色，甜味较淡，有酸味	1.47	80

2.5 响应面法优化与分析

用 Design Expert8.0 软件随机产生 Box-Behnken Design 实验方案[19, 20]，对考察因素和其水平进行设计，见表 2-2-5 得出 17 次实验响应结果，见表 2-2-6。采用 Design Expert 8.0 软件对所得数据进行回归分析，回归分析结果见表 2-2-7。对响应值与各因素进行回归拟合后，模型表达式如式 (1) 所示

表2-2-6 Box-Behnken Design实验设计与实验响应结果

Table 2-2-6 Box-Behnken design and response result values for the proanthocyanidins yields

实验号	A	B	C	评分
1	1	0	-1	78
2	-1	0	1	73
3	0	0	0	83
4	0	0	0	84
5	-1	1	0	76
6	0	-1	-1	78
7	-1	-1	0	71
8	0	-1	1	70
9	0	0	0	83

续 表

实验号	A	B	C	评分
10	0	0	0	82
11	0	1	–1	76
12	1	0	1	74
13	1	–1	0	74
14	0	1	1	79
15	1	1	0	80
16	–1	0	–1	74
17	0	0	0	81

表2–2–7 方差分析

Table 2–2–7 Variance analysis

变异来源	平方和	自由度	均方	*F* 比	Prob > *F*
模型	296.42	9	32.94	29.94	< 0.000 1
A	18.00	1	18.00	16.36	0.004 9
B	40.50	1	40.50	36.82	0.000 05
C	12.50	1	12.50	11.36	0.011 9
AB	0.25	1	0.25	0.23	0.648 1
AC	2.25	1	2.25	2.05	0.195 7
BC	30.25	1	30.25	27.50	0.001 2
A^2	73.39	1	73.39	66.72	0.000 1
B^2	42.44	1	42.44	38.59	0.000 4
C^2	56.87	1	56.87	51.70	0.000 2
残差	7.70	10	1.10		
失拟项	2.50	3	0.83	0.64	0.627 6
净误差	5.20	4	1.30		

续 表

变异来源	平方和	自由度	均方	F 比	Prob > F
总离差	304.12	16			
R^2=0.974 7	R^2_{adj}=0.942 1	CV=2.20%			

将所得实验数据用 Design Expert8.0 软件进行多元回归拟合，得到生姜量、柠檬酸、碳酸氢钠的三因素变量的二次回归方程模型（代码）为：

Y(综合评分)=+82.60+1.50* A+2.25* B−1.25* C+0.25 * A * B−0.75* A* C+2.75* B * C−4.17* A2−3.17* B2−3.68* C2 (1)

对该模型采用二次型进行变异分析 (a n a ly s i s o fvariance，ANOVA)，模型的 F 模型 P < 0.000 1，表明模型方程非常显著；失拟项 P=0.627 6 大于 0.05，不显著；校正系数 R^2_{adj}=0.942 1 说明该模型能解释 94% 响应面的变化；离散系数 CV=2.20%，离散系数表示实验的精确度，其值越大，表示其重复性越好，2.20% 在可接受的范围内，说明本实验的回归方程的可信度和拟合度均较高。

各项系数的 P 值小于 0.05 时，它所对应的条件对响应值的作用是显著的，A、B、C 因素 α=0.05 水平上 P 值均小于 0.05，说明对实验具有显著性的影响。二次项极显著，AB、AC 均在 α=0.05 水平上 P 值均大于 0.05，说明各个因素间的相互交叉对实验的影响不显著，采用该模型时可以不考虑因素间的交互作用。BC 在 α=0.05 水平上 P 值均小于 0.05，说明两因素的相互交差作用对实验的影响显著[21]。

从回归方程中可以看出，对生姜红糖泡腾片的影响大小关系因素顺序为：柠檬酸 > 生姜量 > 碳酸氢钠。

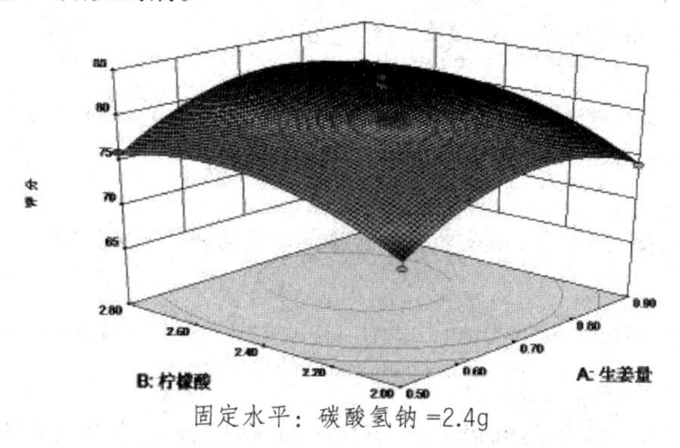

图 2-2-1 生姜量和柠檬酸对感官评分的影响效果

Fig. 2-2-1 Effect of figure two the amount of ginger and citric acid on the sensory

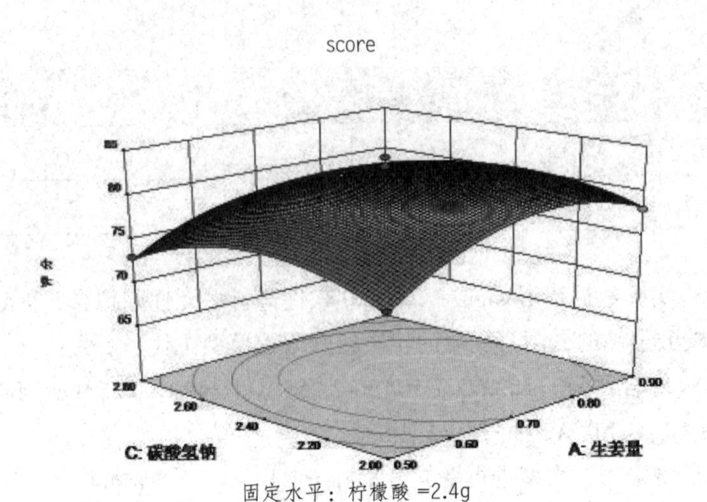

图 2-2-2　生姜量和碳酸氢钠对感官评分的影响效果

Fig. 2-2-2　Effect of figure three the amount of ginger and sodium bicarbonate on the sensory score

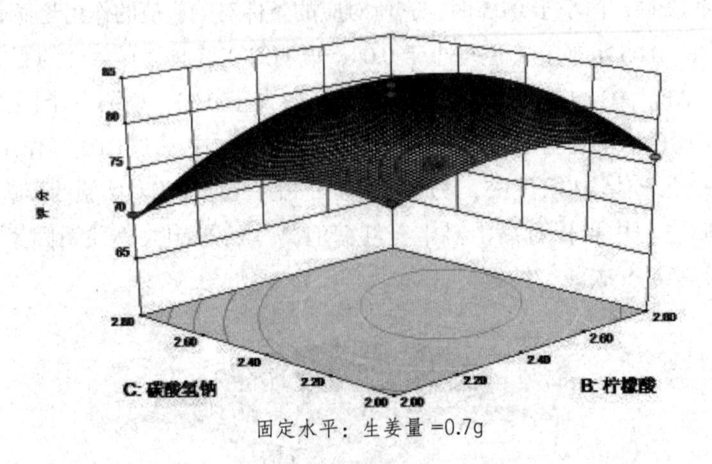

图 2-2-3　碳酸氢钠和柠檬酸对感官评分的影响效果

Fig. 2-2-3　effect of sodium bicarbonate and citrate on the sensory score

用 Design Expert8.0 软件做出响应面，考察拟合响应曲面的形状。根据回归方程，做出响应面和等高线图，考察拟合响应曲面的形状，分析各因素对响应值的影响及其之间的相互作用，并从中确定最佳因素水平范围。如图所示。研究表明，等高线的形状反映出交互效应的强弱，越趋向椭圆表明交互作用越强，越趋向圆形则相反，表明交互作用越弱。

图 2-2-1 至图 2-2-3 比较直观地给出了生姜量与柠檬酸、柠檬酸与碳酸氢钠、生姜量与碳酸氢钠之间相互交叉的作用的响应面的 3D，从响应面可以看出，对各个因素所选的值范围内存在极值，既是响应面的最高点，同时也是等值线最小椭圆的圆点。从图中也可以看出，感官评分会随着三个考察因素的增加而增大，但是到达最高点后会随着增大而减少，并且柠檬酸和碳酸氢钠之间的交差作用对实验的结果影响较大。并且柠檬酸和碳酸氢钠的比例不但会影响崩解时限，还会对口味有很大的影响，所以柠檬酸和碳酸氢钠的比例对实验的结果影响很大。

2.6 回归模型的验证实验

通 Design Expert8.0 软件优化功能再次优化，得出生姜红糖泡腾片的最优工艺参数，即，生姜量为 0.74g、柠檬酸 2.53g、碳酸氢钠 2.37g。在此工艺条件下产品的综合得分为 83.2。

为了检测实验结果是否与真实情况相一致，根据以上实验结果进行近似验证实验，考虑到实际操作的便利，将最佳工艺条件修正为生姜量为 0.80g、柠檬酸 2.79g、碳酸氢钠 3.00g、红糖与甜菊糖苷的比例为 4：0.24、麦芽糊精 4.5g。在此条件下进行 3 次平行实验，实际的综合评分为 82.9，与理论预测值相比，其相对误差约为 0.36%，因此，采用响应面法优化得到的提取条件准确可靠，具有使用价值。

3. 结论

通过对各个因素的单因素实验，然后采用用 Design Expert8.0 软件对生姜红糖泡腾片建立了多元回归模型，考察了生姜量、柠檬酸、碳酸氢钠三个因素对泡腾片口感及崩解时限的影响程度。并且得到了最优的生产工艺条件，即：生姜量为 0.80g、柠檬酸 2.79g、碳酸氢钠 3.00g、红糖与甜菊糖苷的比例为 4：0.24、麦芽糊精 4.5g，在此条件下，综合评分为 82.9。通过上述配方可制得口感好，具有生姜红糖的特有风味，表面光滑美观，色泽一致，硬度好，崩解速度适中的生姜红糖泡腾片。

第三章　姜汁乳饮料加工工艺研究

本研究通过浸提法提取生姜中的有效成分，按比例添加到乳粉中，进行调配，开发出一种具有生姜特殊风味的功能性乳饮料。

1. 材料与方法

1.1 材料

生姜（市售），伊利高钙低脂奶，β－环糊精（分析纯），柠檬酸，木糖醇，卡拉胶（食用级）。

1.2 主要的仪器设备

WZB 型 阿贝折光仪（上海仪电物理光学仪器有限公司），FW100 型 高速万能粉碎机（天津市泰斯特仪器有限公司），DK-2000-IIIL 型 恒温水浴锅（天津市泰斯特仪器有限公司）。

1.3 实验方法

1.3.1 工艺流程图

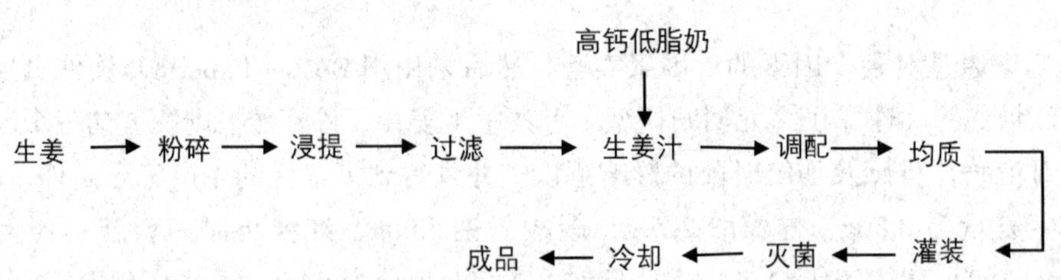

1.3.2 操作要点

1.3.2.1 原料生姜的选择

选取新鲜饱满且无霉烂的生姜。

1.3.2.2 原料生姜的粉碎

将生姜切片干燥后用高速万能粉碎机粉碎，再用 60 目的筛子将粉末筛出。

1.3.2.3 原料生姜的浸提

称取一定量的生姜粉末后，量取质量为生姜粉末 60 倍的蒸馏水并将其加热到 90℃，保温。将生姜粉末倒入水中，搅拌 50min 后用 4 层脱脂棉布过滤，待用。

1.3.2.4 调配

将生姜提取液与高钙低脂奶按 1 ∶ 3 的混合比例混合，然后添加 0.20% 的 β－环糊精、1.2% 的木糖醇、0.12% 的柠檬酸和 0.10% 的卡拉胶。

1.3.3 测定指标及方法

1.3.3.1 固形物的测定

依据 GB/T12143.1—89，采用折光计法对固形物含量进行测定。

$$固形物的提取率 = \frac{固形物的含量 \times 提取液的体积}{金银花的质量} \times 100\%$$

1.3.3.2 生姜乳饮料感官品评

采取感官评分的方法，从饮料的色泽、气味、滋味和组织等四个项目给生姜乳饮料评分，满分为 100 分。品评员对每一样品进行感官评价，记录评价结果。其评价标准见表 2–3–1。

表2–3–1　生姜乳饮料评分标准表

Table 2–3–1　The scoring criteria of Milk Beverage of ginger

项目 Items	评分标准 Scoring criteria	感官评分 Sensory score
色泽	颜色呈淡乳黄色且均匀一致	20
气味	具有生姜的芳香气味和乳香味且较为均匀柔和	20
滋味	具有生姜和牛奶的口味且口感圆润，无苦涩味，酸甜适口	30
组织	乳浊液均匀细腻，无分层，无沉积，无肉眼可见外来杂质	30

1.3.3.3 理化指标的测定

参考 GB/T 11673 对生姜乳饮料中的蛋白质、总砷、铅、铜的含量进行测定。

1.3.3.4 卫生指标的测定

参考 GB/T 21732—2008 和 GB/T 11673—2003 对生姜乳饮料的卫生指标进行测定。主要测定菌落总数、大肠菌落、霉菌、酵母、致病菌进行测定。

1.4 确定生姜最佳浸提工艺条件

对生姜固形物浸提结果影响较大的三个因素：浸提温度、浸提时间和加水量进行单因素实验后，设计 $L_9(3^3)$ 正交实验，以固形物的提取率为指标，通过正交分析优化浸提工艺条件。

1.5 确定生姜乳饮料的最佳配方

对生姜乳饮料品质影响较大的五个因素：生姜提取液与高钙低脂奶的混合比例、β－环糊精、木糖醇、柠檬酸、卡拉胶，设计 $L_{16}(4^5)$ 正交实验，以感官评分为指标，通过正交分析优化配方。

2. 结果与分析

2.1 生姜浸提条件的确定

2.1.1 浸提温度对生姜固形物提取率的影响

对浸提温度进行单因素实验，分别选取浸提温度为 60℃，70℃，80℃，90℃，100℃，其他浸提条件为浸提时间为 30min，加水量为 40 倍，测定其固形物提取率的变化，其结果如图 2-3-1 所示：

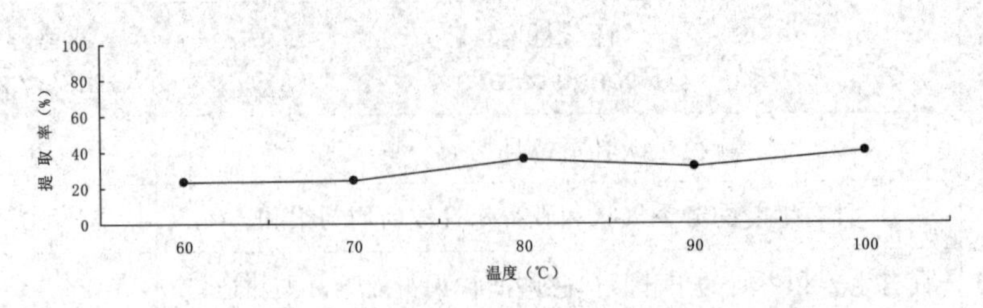

图 2-3-1 不同浸提温度对生姜固形物提取率的影响

Figure 2-3-1 The influence of different temperature on the extraction rate of the solids of ginger

由图 2-3-1 可知，在一定范围内生姜固形物的提取率随着温度的升高而增大。因此在正交实验时，考虑提取过程中水分的蒸发以及过高问题对有效成分的破坏等因素，温度选择 70℃，80℃和 90℃。

2.1.2 浸提时间对生姜固形物提取率的影响

对浸提时间进行单因素实验，分别选取浸提时间为 20min，30min，40min，50min，60min，其他浸提条件为：浸提温度为 80℃，加水量为 40 倍，测定其固形物提取率的变化，其结果如图 2-3-2 所示。

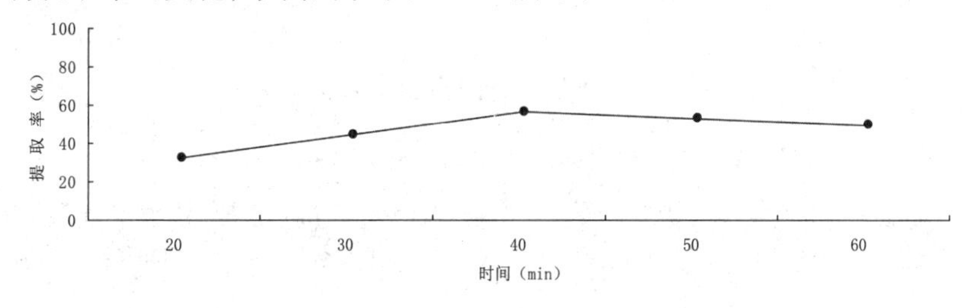

图2-3-2 不同的提取时间对生姜固形物提取率的影响

Figure 2-3-2 The influence of different time on the extraction rate of the solids of ginger

由图 2-3-2 可知，在一定范围内生姜固形物的提取率随着时间的延长而提高，但是在 40min 之后，随着时间的延长，生姜的提取率趋于平缓。因此在正交实验时，时间选择 30min，40min，50min。

2.1.3 浸提加水量对生姜可溶性固形物提取率的影响

对加水量进行单因素实验，分别选取加水量为 20 倍、40 倍、60 倍、80 倍、100 倍，其他浸提条件为：浸提温度为 80℃、浸提时间为 30min，测定其固形物提取率的变化，其结果如图 2-3-3 所示。

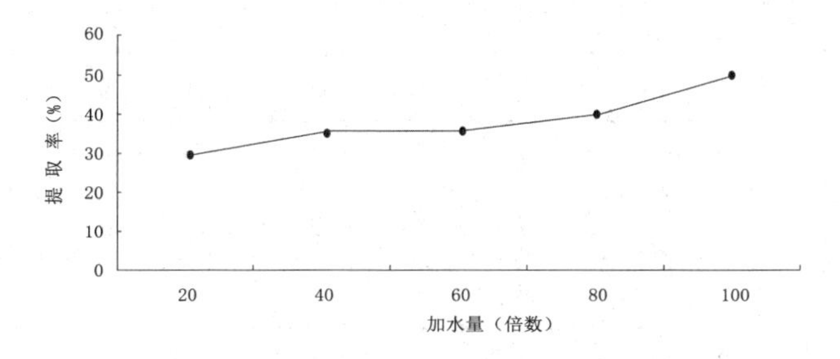

图 2-3-3 不同的加水量对生姜固形物提取率的影响

Figure 2-3-3 The influence of different water content on the extraction rate of the solids of ginger

由图 2-3-3 可知，在一定范围内生姜固形物的提取率随着加水量（倍数）的提高而提高。因此，在正交实验时，加水量（倍数）选择60倍、80倍、100倍。

3.1.4 生姜中固形物提取工艺的优化实验

通过上述结果分析，设计了L_9（3^3）正交实验对生姜浸提工艺进行优化，其因素水平表见表2-3-2，其结果与方差分析表见表3、表4。

表2-3-2 因素水平表

Table 2-3-2 Factors of orthogonal experiment

水平 Level	A 温度（℃） Temperature	B 时间（min） Time	C 加水量（倍数） Water content
1	70	30	60
2	80	40	80
3	90	50	100

表2-3-3 L_9（3^3）正交实验结果表

Table 2-3-3 The results of L_9 (3^3) orthogonal experiment

实验序号 Experiment number	A 温度（℃） Temperature	B 时间（min） Time	C 加水量（数） Water content	D 空列 Null columns	提取率（%） Extraction ratio
1	1	1	1	1	30
2	1	2	2	2	38
3	1	3	3	3	49
4	2	1	2	3	60
5	2	2	3	1	73
6	2	3	1	2	76
7	3	1	3	2	47
8	3	2	1	3	52
9	3	3	2	1	60
K_1	117	137	158	163	

续　表

实验序号 Experiment number	A 温度（℃） Temperature	B 时间（min） Time	C 加水量（数） Water content	D 空列 Null columns	提取率（%） Extraction ratio
K_2	209	163	158	161	
K_3	159	185	169	161	
R	92	48	11		
最佳配比	$A_2B_3C_3$				

通过表 2-3-3 正交实验结果直观分析得出：浸提温度对生姜中固形物提取率的影响最大，然后依次为浸提时间、加水量。根据 K_1、K_2、K_3 确定各因素的最优水平组合为 $A_2B_3C_3$，即浸提温度为 80℃，浸提时间为 50min，浸提加水量为 100 倍，此时固形物的提取率为 77.2%。

2.2 生姜保健乳饮料配方的确定

在参考资料和多次单因素实验的基础上，对生姜乳饮料感官影响较大的因素：生姜提取液与高钙低脂奶的混合比例、β－环糊精、木糖醇、柠檬酸、卡拉胶进行五因素四水平 $L_{16}(4^5)$ 正交实验，通过正交分析优化各辅料的添加量，因素水平见表 2-3-4，正交实验结果见表 2-3-5。

表2-3-4　因素水平表

Table 2-3-4 Factors of orthogonal experiment

水平 Level	A 生姜提取液：高钙低脂乳	B β－环糊精（%）	C 木糖醇（%）	D 柠檬酸（%）	E 卡拉胶（%）
1	1：2	0.05	0.6	0.12	0.05
2	1：3	0.10	0.9	0.13	0.10
3	1：4	0.15	1.2	0.14	0.15
4	1：5	0.20	1.5	0.15	0.20

表2-3-5 $L_{16}(4^5)$ 正交实验结果分析表

Table 2-3-5 The result of $L_{16}(4^5)$ orthogonal experiment

实验序号 Experiment number	A 生姜提取液:高钙低脂乳	B β－环糊精 (%)	C 木糖醇 (%)	D 柠檬酸 (%)	E 卡拉胶 (%)	得分 Score
1	1	1	1	1	1	77
2	1	2	2	2	2	80
3	1	3	3	3	3	79
4	1	4	4	4	4	80
5	2	1	2	3	4	80
6	2	2	1	4	3	79
7	2	3	4	1	2	88
8	2	4	3	2	1	84
9	3	1	3	4	2	82
10	3	2	4	3	1	82
11	3	3	1	2	4	77
12	3	4	2	1	3	84
13	4	1	4	2	3	80
14	4	2	3	1	4	82
15	4	3	2	4	1	76
16	4	4	1	3	2	81
K_1	316	314	314	331	319	
K_2	331	320	320	321	331	
K_3	325	320	327	322	322	
K_4	319	329	330	317	319	
R	15	15	16	14	12	
最佳配比	$A_2B_4C_4D_1E_2$					

通过正交实验结果直观分析得出：影响生姜乳饮料品质的因素的主次顺序是 C > A=B > D > E，即木糖醇对感官品质影响最大，然后依次是生姜提取液与高钙低脂奶的混合比例、β－环糊精、柠檬酸和卡拉胶。根据 K_1，K_2，K_3，K_4，K_5 值确定各因素的最优水平组合为 $A_2B_4C_4D_1E_2$，即生姜提取液与高钙低脂奶的混合比例为 1 ∶ 3、β－环糊精添加量为 0.20%、木糖醇添加量为 1.5%、柠檬酸添加量为 0.12%、卡拉胶添加量为 0.10%。此时生姜色泽呈淡乳黄色，口感圆润，后感微苦，生姜味和奶香味均匀。

2.3 生姜乳饮料质量指标

2.3.1 生姜乳饮料的感官指标

表2-3-6 感官指标

Table 2-3-6 Sensory index

项目 Items	要求 Requirements
滋味和气味	有生姜和牛奶特有的滋味和香味
色泽	均匀的淡乳黄色

2.3.2 生姜乳饮料的理化指标

表2-3-7 理化指标

Table 2-3-7 Physicochemical indexes

项目 Items	指标 Indexes
蛋白质 /（g/100mL）≥	1.0
总砷（以 As 计）/（mg/L）≤	0.2
铅（Pb）/（mg/L）≤	0.05
铜（Cu）/（mg/L）≤	5.0

2.3.3 生姜乳饮料的微生物指标

表2-3-8 微生物指标

Table 2-3-8 Microbial indicators

项目 Items	指标 Indexs
菌落总数 /（cfu/mL）≤	10 000
大肠菌落 /（MPN/100mL）≤	40
霉菌 /（cfu/mL）≤	10
酵母 /（cfu/mL）≤	10
致病菌（沙门氏菌、志贺氏菌、金黄色葡萄球菌）	不得检出

3. 结论

3.1 通过对生姜固形物浸提条件的研究，得出生姜固形物浸提的最佳工艺条件为：浸提温度 80℃，浸提时间为 50min，加水量为 100 倍。此时固形物的提取率为 77.2%。

3.2 通过对生姜乳饮料的研究，确定了生姜乳饮料的最佳配方：生姜提取液与高钙低脂奶的混合比例为 1∶3、β－环糊精添加量为 0.20%、木糖醇添加量为 1.5%、柠檬酸添加量为 0.12%、卡拉胶添加量为 0.10%。此时生姜色泽呈乳黄色，口感圆润，后感微苦，生姜味和奶香味均匀。

第四章　姜粉葛粉软膏加工工艺研究

葛粉中含有大量的人体必需的氨基酸及钙、锌、铜、镁、铁、锰、钾、钠等十多种微量元素，还含有黄酮类物质，如葛根素、大豆苷，具有清热解毒、降血压、改善循环系统、抗癌及解痉作用。因此，随着葛根研究的不断深入，人们对其药理、保健作用和应用价值也更加重视。对于严重威胁人类生命健康的心血管疾病，葛粉更具有重要的药理和治疗作用，开发各种葛根保健食品更是具有重要的社会意义和经济价值，对人们也有很大的贡献。

软膏外观晶莹、色泽鲜艳、口感软滑、清甜滋润，是一种低热量高膳食纤维的健康食品，本研究以姜粉、葛粉为主要原料，加入卡拉胶、蔗糖、柠檬酸制成口感清爽，口味独特的软膏，提高了姜粉和葛粉的价值，为糖尿病人、减肥人群、心脑血管疾病人群提供了新的良品。

1. 材料与方法

1.1 原材料和仪器设备

1.1.1 原材料

姜粉，葛粉，蔗糖、柠檬酸、卡拉胶均为食用级。

1.1.2 仪器设备

101-1A 干燥箱（金坛市华城全禾实验仪器厂出品），WK2102 美的电磁炉，HZT-A 电子天平（福州华志科学仪器有限公司），WK-400B 超微粉碎机（青州市精诚医药装备制造有限公司出品），BCD-249CF 美菱冰箱。

1.2 方法

1.2.1 加工工艺操作基本流程

1.2.1.1 姜粉的制备

选用色泽微黄、具有姜粉独特气味的姜粉进行清洗，清洗之后加水煮沸，再进行过滤，将处理好的姜粉在纱布上摊平，使姜粉均匀地分布在纱布上，厚度在0.5cm之内，防止过厚使干燥不均匀，放入烘箱，温度控制在84℃，干燥12h。干燥结束后，用万能粉碎机将姜粉打碎，打碎时间为2min，再用60目筛子过筛，得到相对均匀的姜粉。

1.2.1.2 姜粉葛粉液的调制

首先将粉碎好的姜粉与葛粉混合，加入冷水充分搅拌，再加入蔗糖搅拌，将准备好的姜粉、葛粉、蔗糖搅拌均匀，先加入少许冷水充分搅拌均匀，再加入热水，搅拌均匀，便制成乳状姜粉葛粉液。

1.2.1.3 卡拉胶的加入

先将卡拉胶加入20倍的热水中充分溶解，加入过程中要不断地搅拌，防止卡拉胶溶解不均匀而结块，再在电磁炉上边搅拌边加热，使其搅拌充分，防止其影响产品品质，再加入调制好的姜粉葛粉液中。

1.2.1.4 熬煮浓缩

将加入了卡拉胶的姜粉葛粉液放在石棉网上，在电磁炉上加热至沸，沸腾后用小火慢慢熬煮18~20min，使葛粉淀粉充分糊化，搅拌时有明显阻力时停止加热，在熬煮浓缩的过程中，要充分搅拌，防止姜粉葛粉液受热不均匀而糊锅。

1.2.1.5 柠檬酸的加入

姜粉葛粉溶液熬煮浓缩即将结束时，加入柠檬酸，充分搅拌，搅拌均匀便可停止，防止加热时间过长而影响口味。

1.2.1.6 冷却成型

加热结束后，将姜粉葛粉液用2层纱布过滤，除去杂质和没有糊化完全的淀粉颗粒。将过滤后的液体趁热分装于模器中，放入冰箱静置冷却120min，避免振动，使成型不好。

1.2.2 感官评分

采用加权评分法对姜粉葛粉软膏进行感官评分，以100分为满分的评分标准，根据软膏的色泽、滋味、气味、组织形态和口感这五个因素进行感官评定，五个标准平均分配20分，组织10名有经验的评分员对软膏进行综合评分，评分结束后，取各总名的平均值，记录数据，并通过 spss17.0 进行方差分析，得出软膏的基础配方。

表2-4-1 姜粉葛粉软膏感官评分标准

Table 2-4-1 Sensory scoring criteria of bean dregs and kudzu powder ointment

项目 Project	评分标准 Sensory scoring		
色泽 (20 分)	色泽通透，均匀一致，无固体颗粒（15~20）	色泽基本一致，较通透（9~14）	色泽严重不均匀，有固体颗粒（8 分以下）
滋味 (20 分)	甜酸适口，无姜粉腥味，口感均匀（15~20）	甜酸基本适口，轻微姜粉腥味（9~14）	甜酸严重偏离，无味，姜粉腥味严重（8 分以下）
气味 (20 分)	调配合适，均匀，香味清新具有姜粉、葛粉特殊的清香味，（15~20）	姜粉、葛粉香味不足，或香味轻微偏移（9~14）	基本无姜粉、葛粉清香味，或姜粉、葛粉香味严重偏移（8 分以下）
组织形态 (20 分)	细腻，均匀，形状完整（15~20）	无杂质及气泡，基本细腻（9~14）	变形，破损多，气泡多（8 分以下）
口感 (20 分)	弹性及咬劲好，无姜粉的粗糙感，口感细腻，清爽（15~20）	弹性及咬劲一般，轻微姜粉粗糙感（9~14）	弹性及咬劲差，姜粉粗糙感严重（8 分以下）

评分标准为 A 级总分为（80~100），B 级总分为（60~79），C 级总分为 59 分以下。

1.2.3 实验设计

1.2.3.1 姜粉葛粉软膏配方优化

首先通过采用单因素实验，采用基础配方，对软膏中的姜粉、葛粉、蔗糖、卡拉胶、柠檬酸五因素初步用量进行确定，再进行 $L_{16}(4^5)$ 水平的正交实验，通过表 2-4-1 的感官评分标准，确定产品最优配方，设定因素水平表，姜粉（A）、葛粉（B）、卡拉胶（C）、柠檬酸（D）、蔗糖（E）。

1.2.3.2 产品质量指标标准

感官指标：严格按照 GB 19299—2003 标准执行，见表 2-4-2 指标。

表2-4-2 感官指标

Table 2-4-2 Sensory index

项目 Project	要求 Requirement
色泽	具有该产品原料相应的纯净色泽
滋味气味	具有该品种应有的滋味气味，无其他异味
性状	呈胶冻状，质软，无杂质

微生物指标：

菌落总数 (cuf/g) ≤ 100；

大肠杆菌（MPN/100g）≤ 30；

致病菌 (金黄色葡萄球菌、沙门氏菌、志贺氏菌) 不得检出；

霉菌 (cuf/g) ≤ 20；

酵母菌 (cuf/g) ≤ 20；

均按 GB/T 4789.24 测定。

2. 结果与分析

2.1 各原辅料添加量对软膏品质的影响

2.1.1 姜粉加入量对软膏品质的影响

以 100mL 水为基准，加入姜粉的量为 4.0g，6.0g，8.0g，10.0g，12.0g 调制姜粉葛粉液，加入葛粉 7.0g、蔗糖 8.0g、卡拉胶 1.0g、柠檬酸 0.1g，按照加工工艺操作基本流程制作，将制备好的软膏进行感官评分，评分结果如表 2-4-3 所示。

表2-4-3　姜粉加入量对软膏影响感官评分总表

Table 2-4-3　The impact on ointment total sensory score table for the amount of ginger

项目 Project	姜粉（g）Bean dregs				
	4.0	6.0	8.0	10.0	12.0
色泽	13	17	16	19	18
滋味	11	15	15	19	16
气味	16	15	16	18	17
组织形态	15	16	18	16	15
口感	11	15	16	17	15
总分	66	78	81	89	81

据表 2-4-3 可以看出，当姜粉加入 10.0g 左右的时候评分最高，即口感最佳，色泽均匀一致通过透，有姜粉独特风味，无姜粉的粗糙感。当姜粉大于 12.0g 时，姜粉的粗糙感较为严重，成型不好，产品的姜粉味浓郁，影响口感，当小于 8.0g 时，姜粉味明显减弱，但成型较好。

2.1.2 葛粉加入量对软膏品质的影响

以 100mL 水为基准，加入葛粉 4.0g，6.0g，8.0g，10.0g，12.0g 调制姜粉葛粉液，加入姜粉 10.0g、蔗糖 8.0g、卡拉胶 1.0g、柠檬酸 0.1g，按照加工工艺操作基本流程制备，将制备好的软膏进行感官评分，评分结果如表 2-4-4 所示。

表2-4-4　葛粉加入量对软膏影响感官评分总表

Table 2-4-4　Effect of kudzu powder adding amount to the ointment sensory score

项目 Project	葛粉（g）Kudzu powder				
	2.0 g	4.0 g	6.0 g	8.0 g	10.0
色泽	15	16	17	14	14
滋味	14	15	16	15	14
气味	14	16	17	16	16

续 表

项目 Project	葛粉（g）Kudzu powder				
	2.0 g	4.0 g	6.0 g	8.0 g	10.0
组织形态	16	17	18	16	15
口感	14	15	16	16	13
总分	73	79	84	77	72

根据表 2-4-4 可以看出，当葛粉质量在 6.0g 左右时评分最高，即口味最佳，有浓郁的葛粉清香味，弹性适合，口感清爽，组织形态完整，当葛粉质量为大于 8.0g 时，软膏中的气泡逐渐增加，口感粗糙，弹性不足，当葛粉质量小于 4.0g 时，软膏成型不好，软膏过软，香味不足。

2.1.3 蔗糖加入量对软膏品质的影响

以 100mL 水为基准，加入蔗糖 2.0g,4.0g,6.0g,8.0g,10.0g 调制姜粉葛粉液，加入姜粉 10.0g、葛粉 6.0g、卡拉胶 1.0g、柠檬酸 0.1g，按照加工工艺操作基本流程制备，将制备好的软膏进行感官评分，评分结果如表 2-4-5 所示。

表2-4-5　蔗糖加入量对软膏影响感官评分总表

Table 2-4-5　Effect of sucrose adding amount to the ointment sensory score

项目 Project	蔗糖用量（g/100mL）The amount of sucrose (g/100mL)				
	1.0	2.0	3.0	4.0	5.0
色泽	16	16	17	18	16
滋味	11	13	14	15	15
气味	17	17	17	16	16
组织形态	17	17	18	18	17
口感	14	15	15	16	13
总分	75	78	81	83	77

根据表2-4-5可以看出，当蔗糖含量为4.0g左右时评分最高，即口感最好，甜味适合，色泽均匀一致，弹性适合，姜粉、葛粉清香味适合，口感清爽，当小于4.0g时，软膏逐渐没有味道，甜味变淡，当大于4.0g时，甜味逐渐增大，而盖过了软膏的自身口味。

2.1.4 卡拉胶加入量对软膏品质的影响

以100mL水为基准，加入卡拉胶0.2g，0.4g，0.6g，0.8g，1.0g调制姜粉葛粉液[8]，加入姜粉10.0g、葛粉6.0g、蔗糖4.0g、柠檬酸0.1g，按照加工工艺操作基本流程制备，将制备好的软膏进行感官评分，评分结果如表2-4-6所示。

表2-4-6　卡拉胶加入量对软膏影响感官评分总表

Table 2-4-6　Effect of carrageenan adding amount to the ointment sensory score

项目 Project	卡拉胶用量（g/100mL） The amount of Carrageenan(g/100mL)				
	0.4	0.6	0.8	1.0	1.2
色泽	13	14	14	15	14
滋味	16	17	16	17	16
气味	15	16	16	16	16
组织形态	11	14	17	19	18
口感	10	12	16	18	16
总分	65	73	79	85	80

根据表2-4-6可以看出，当卡拉胶含量为1.0g左右时评分最高，即口感最好，有弹性，色泽通透，亮泽，组织形态完整，口感均匀，细腻，姜粉葛粉的清香味适合，当卡拉胶含量小于0.8g时，软膏成型困难，当卡拉胶大于1.2g时，软膏过硬，内有气泡，没有韧性，无嚼劲，成型较均匀。

2.1.5 柠檬酸加入量对软膏品质的影响

以100mL水为计量基准，加入柠檬酸0.1g，0.2g，0.3g，0.4g，0.5g调制姜粉葛粉液，加入姜粉10.0g、葛粉6.0g、卡拉胶1.0g、蔗糖4.0g，按照加工工艺操作基本流程制备，将制备好的软膏进行感官评分，评分结果如表2-4-7所示。

表2-4-7 柠檬酸加入量对软膏影响感官评分总表

Table 2-4-7 Effect of critic acid adding amount to the ointment sensory score

项目 Project	柠檬酸用量 (g/100mL) The amount of critic acid(g/100mL)				
	0.1	0.2	0.3	0.4	0.5
色泽	16	16	17	17	17
滋味	11	13	15	16	15
气味	17	17	16	16	16
组织形态	16	15	16	17	15
口感	10	12	13	17	14
总分	70	73	77	83	77

根据表2-4-7可以得出，当柠檬酸加入0.4g时感官评分最高，即口味最佳，酸甜适合，色泽均匀，成型一致，均匀，口感清爽顺滑，当柠檬酸小于0.3g时，酸味不足，只有甜味，口感单调，色泽适合，成型一致均匀，韧性下降，当柠檬酸大于0.5g时，酸味过足，无甜味，姜粉、葛粉清香味减弱。

2.2 姜粉葛粉软膏产品配方优选

对姜粉葛粉软膏采用单因素实验后，基本确定姜粉、葛粉、水、卡拉胶、蔗糖、柠檬酸的初步用量，再对软膏进行 $L_{16}(4^5)$ 正交实验，同样以表2-4-1感官评分为标准，选出口味最佳，成型最好，外观最好的配比方案。

如表2-4-8，为因素水平表，表2-4-9、表2-4-10为果冻配方优选正交实验设计及结果。

表2-4-8 正交实验因素水平表

Table2-4-8 Orthogonal experiment factor level

水平 Level	因素 Factor				
	A 姜粉	B 葛粉	C 卡拉胶	D 柠檬酸	E 蔗糖
1	6.0	4.0	0.6	0.1	1.0

续 表

水平 Level	因素 Factor				
	A 姜粉	B 葛粉	C 卡拉胶	D 柠檬酸	E 蔗糖
2	8.0	6.0	0.8	0.2	2.0
3	10.0	8.0	1.0	0.3	3.0
4	12.0	10.0	1.2	0.4	4.0

表2-4-9 软膏配方优选$L_{16}(4^5)$正交实验设计及结果极差分析

Table2-4-9 Preferred ointment formulations of $L_{16}(4^5)$check list and effect of orthogonal—range analysis

实验序号 Experiment number	因素 Factor					感官评分 Sensory score
	A	B	C	D	E	
1	1	1	1	1	1	59
2	1	2	2	2	2	89
3	1	3	3	3	3	64
4	1	4	4	4	4	69
5	2	1	2	3	4	73
6	2	2	1	4	2	78
7	2	3	4	1	3	86
8	2	4	3	2	1	72
9	3	1	3	4	2	88
10	3	2	4	3	1	82
11	3	3	1	2	4	79
12	3	4	2	1	3	72
13	4	1	4	2	3	70
14	4	2	3	1	4	69
15	4	3	2	4	1	78

续 表

实验序号 Experiment number	因素 Factor					感官评分 Sensory score
	A	B	C	D	E	
16	4	4	1	3	2	85
K1	281	290	301	286	291	
K2	309	318	312	310	340	
K3	321	307	293	304	292	
K4	302	298	307	313	290	
R	40	28	19	27	50	
最优配比	$A_3B_2C_2D_4E_2$					

根据表 2-4-1 的感官评分标准，对各次实验进行感官评分，得表 2-4-9 中的感官评分。通过表 2-4-9 的均值可以得出最优配比方案为 $A_3B_2C_2D_4E_2$，即姜粉 10.0g，葛粉 6.0g，卡拉胶 0.8g，柠檬酸 0.4g，蔗糖 4.0 g。其中糖的添加量对产品的感官评分影响最大，姜粉次之，然后为葛粉、柠檬酸，卡拉胶对感官评分影响最小，即 E>A>B>D>C，此时软膏口味清爽可口，具有姜粉、葛粉特有的风味，色泽通透明亮，口感细腻，弹性好，外形完整美观。

3. 产品品质指标测定结果

感官指标结果，具有姜粉葛粉软膏的独特风味，有姜粉、葛粉的清新口味，无其他异味，色泽明亮，通透，均匀一致，无固体颗粒，口感细腻，弹性及咬性好，外形完整无破裂、无气泡，符合标准。

微生物指标结果，按照国标 GB/T 4789.24 检验，无菌落长出，符合标准。

4. 结论

姜粉葛粉保健软膏产品以 100mL 水为基准时的最佳配方为 10.0g，葛粉 6.0g、卡拉胶 0.8g、柠檬酸 0.4g、蔗糖 4g。所制得软膏产品具有浓郁的姜粉、葛粉的清香气味，味道独特而清爽，组织细腻，甜酸适口，富有韧性、弹性和咬劲。此法制作的软膏有较好的咀嚼性及口感，外观呈淡黄色透明状，甜酸滑爽，风味独特，产品没有添加任何人工色素、香精和防腐剂，是理想的营养保健食品。

5. 展望

近年来，人们对食品的要求更加严格，不仅仅只考虑食物的美味，更加注重食物的营养保健，天然方便。而姜粉、葛粉的营养价值不容小觑，两者合理地搭配，将对减肥人群、高血压、心脑血管疾病、糖尿病、肠道疾病有很好的防治作用。

由于姜粉价格低廉，膳食纤维含量高，已经引起了广大营养学者的浓厚兴趣。但是，目前由姜粉生产的产品种类非常少，并没有真正被人们全面开发利用，开发姜粉产品，将有很大的发展空间。因此，研究开发保健功能独特，色、香、味俱全的姜粉制品具有广阔开发前景。而本文生产的姜粉葛粉软膏，外形美观，口味清淡清爽，将会受到消费者广泛的喜爱，如果投入生产，还可以开发其他口味的产品，比如加入水果颗粒、坚果颗粒等，增加产品品种，将更受人们喜爱。

第五章　胡萝卜姜汁面条加工工艺研究

我国面制品的生产和消费居世界之首，面条是国民的主要食品之一。现代科学证明，随着粮食加工精度的提高，食品中的营养成分，特别是脂溶性维生素和膳食纤维的损失量也会逐渐增加。因此，从营养型主食角度出发，以小麦为主料，适量添加蔬菜、蘑菇、杂粮、鸡蛋、矿物质等，制成风味各异、种类繁多的系列营养保健面条制品。这不仅弥补了传统小麦面条中维生素、矿物质、膳食纤维不足的缺陷，同时丰富了面条品种，提高了我国花色营养保健面条消费市场的活跃性。

我国胡萝卜的年产量居世界第一，且种植面积广泛。胡萝卜中含有的胡萝卜素和多种矿物质具有很高的营养价值，丰富的胡萝卜素能在人体内转化为维生素 A，对夜盲症等眼病有良好的治疗作用，而且还具有降低血糖、血脂和促进儿童生长发育的作用。本研究基于人们对既营养又保健的方便食品的需求，利用胡萝卜、生姜加工营养保健面条。根据食品专业知识，选用科学合理的原料配方，生产花色面条新品种。

1. 材料与方法

1.1 材料

面粉（高筋面粉），生姜、胡萝卜（市售），食用碱（小苏打）、食盐、柠檬酸（食用级）。

1.2 主要设备

VF-12C 型发酵箱（旭众机电有限公司），HR2094 型打浆机（飞利浦家庭电器有限公司），DZF-6051 型干燥箱（上海齐欣科学仪器有限公司），FK156-3 型巧媳妇手摇式家用面条机（上海市巧媳妇食品机械有限公司）。

1.3 实验方法

1.3.1 工艺流程

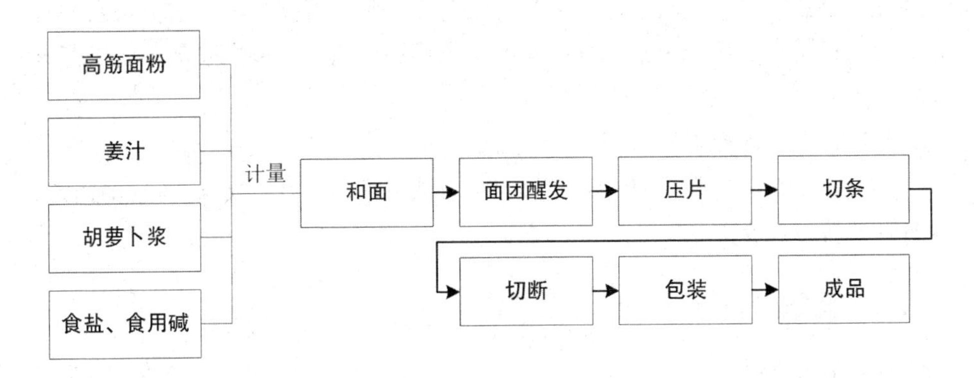

1.3.2 面条的制备

1.3.2.1 胡萝卜浆的制作

选用无腐烂、无病虫危害，肉质呈鲜红色，心柱细小，无粗筋的优质鲜胡萝卜。将胡萝卜表皮的泥沙杂质洗净后去皮，切成 2cm 厚的片状立即称重。将切好的胡萝卜胚迅速放入浓度为 0.5% 的柠檬酸溶液中护色 20min。将胡萝卜片在清水中漂洗干净后放入沸水中使其组织充分软化，等到无硬心时捞出，用冷水浸泡预煮过的胡萝卜胚后再加 0.4 倍质量的饮用水共同放入打浆机中进行破碎。打成胡萝卜浆，胡萝卜浆要打至均匀细腻，无肉眼可见的颗粒，呈稠密的泥状。

1.3.2.2 姜汁的制备

选用无腐烂、无病虫害，肉质饱满的鲜姜，洗净，切片，称重。将切好的生姜加入 1 倍的饮用水共同放入打浆机中进行破碎，四层纱布过滤，滤液备用。

1.3.2.3 和面

将面粉、胡萝卜浆、姜汁、食用碱准确计量、混合均匀后再加入适量食盐水，和面，使料胚能手握成团，经轻轻搓揉仍能成为松散的颗粒面絮，让面粉中的蛋白质吸水膨胀，使其逐步形成具有韧性、黏性和延伸性的面团。

1.3.2.4 面团醒置

在和好的料胚上面盖上保鲜膜，放入 28℃的发酵箱中进行熟化 30min，使面团充分吸水，形成面筋网络结构。从而使面团内部结构趋于稳定，改善面团的延展性、黏合力和可塑性。

1.3.2.5 压片与切条

熟化后的面团进入压面机进行压片。压片时一定要注意压片双辊之间的距离，通过调节压辊间隙进行反复压片，制成 10cm 宽，1mm 厚且均匀、光滑的面片。进行系列实验时，每次压辊的调节和轧延次数要保证相同，然后用巧媳妇面条机进行切条。舍去面片的头部、尾部和面边，只取中间部分用于蒸煮实验。

1.3.2.6 干燥与包装

将 2 mm 宽，1 mm 厚的面条于室温下自然风干，然后截成长 20cm 的面条，用自封塑料袋包装备用。

1.4 面条品质评价

1.4.1 感官评价

胡萝卜姜汁面条的感官评价，参考中华人民共和国行业标准（SB/T 10068—92），结合胡萝卜姜汁面条的特点，对色泽等指标进行了调整并添加面汤浑浊度指标，由 6 人组成评定小组对面条进行感官评价，具体指标及其评价标准如表 2-5-1。经感官品评员评价后，综合评分在 85~100 分之间，面条品质为优，综合评分在 70~85 分之间，面条品质为良，综合评分在 70 分以下，面条品质为差。

表2-5-1 胡萝卜姜汁功能面条的感官评价标准

Table 2-5-1 Sensory evaluation standard of functional noodles which ismade of carrots and ginger

项目 Project	评分标准 Grading		
	好	一般	差
色泽(干挂面)（25 分）	均匀一致的橘红色 21~25	色泽不太均匀，呈淡红色 15~21	色泽不均匀，呈淡黄色 1~15
表观状态（25 分）	均匀光滑，无凸凹，无裂纹 21~25	较光滑，稍微有点粗糙 15~21	不光滑，较粗糙，有裂痕 1~15
食味（25 分）	味道爽口，咸淡适宜，稍微地豆腥味 21~25	较咸或较淡，豆腥味较重，不良胡萝卜味较淡 15~21	很咸或很淡，豆腥味和胡萝卜不良气味很重 1~15

续　表

项目 Project	评分标准 Grading		
	好	一般	差
黏性（15分）	不黏手，面条不互相黏和 12~15	较黏，少数面条相互黏和 7~12	黏手，多数面条相互黏和 1~7
面汤浑浊度（10分）	面汤清澈 7~10	面汤较浑浊 4~7	面汤浑浊 1~4

1.4.2 自然断条率

将切好的面条在通风处晾挂，计算断了的面条占总面条的百分比。

1.4.3 熟断条率

取40根干制的面条，放入盛有800mL沸水的不锈钢锅中，保持微沸状态，煮制4min后，用筷子将面条轻轻挑出，计算面条的熟断条率。

$$M=\frac{N_s}{40}\times 100\%$$

式中：M—— 熟断条率/%；

N_s——断面条根数。

1.4.4 吸水率

取40根干制的面条，放在电子天平上称重，记为 m_1，放入盛有800mL沸水的不锈钢锅中，保持微沸状态，煮制4min后，捞出面条，放置6min后，再用电子天平称重，记为 m_2。

$$面条吸水率=\frac{m_2-m_1}{m_1}\times 100\%$$

1.4.5 烹调损失率

称取20.0 g样品，精确至0.01 g，放入盛有400 mL沸水的烧杯中，用电磁炉加热，保持水的微沸状态，煮制4min后，用筷子挑出面条，等面汤冷至常温后，转入500 mL容量瓶中定容混匀，量取100 mL面汤倒入恒重的250 mL烧杯中在电磁炉上加热，当面汤少于30 mL时往烧杯中再加入100 mL面汤，再次加热到面汤大约为25mL时，放入105℃烘箱内烘干至恒重，计算面条的烹调损失率。重复5次。

$$X=\frac{5S}{G(1-W)}\times 100\%$$

式中：X——烹调损失，%；

S——100 mL 面汤中干物质，g；

W——面条水分，%；

G——样品质量，g。

2. 结果与分析

2.1 不同姜汁添加量对面条品质的影响

为了缩小保健面条与普通面条在口感、断条率、烹煮损失率方面的差异，姜汁的添加量是关键，添加量过大，则影响保健面条的适口性，达不到预期的目的，添加量过小则姜汁面条特有的风味不强，保健效果也不理想。因此把姜汁分别按照 0，6%，10%，14% 和 18% 的比例加入小麦粉中，用混合粉制作面条。将面条晾干后煮制 4min，测定其烹煮特性，结果见表 2-5-2。

表2-5-2 不同姜汁添加量对面条品质的影响

Table 2-5-2 The effects of different ginger addition on noodle quality

添加比例(%) Proportion of added	色泽 Color	自然断条率(%) Natural broken bars	熟断条率(%) The cooked broken bars	吸水率(%) Water absorption	烹饪损失率(%) Cooking loss rate
0	米黄色	7.9	7.0	149.1	8.1
6	淡黄色	8.1	7.9	152.5	7.58
10	浅黄色	8.5	8.2	158.9	6.74
14	黄色	9.5	9.0	160.0	6.29
18	黄色	9.9	9.5	158.9	7.63

表 2-5-2 表明，随着姜汁添加量的增加，面条烹煮损失率逐渐降低，吸水率逐渐升高，而面条吸水率的升高有利于提高面条烹饪出品率，当姜汁添加量达到 18% 时，面条烹煮损失又出现略微升高趋势，吸水率呈现略微下降趋势。从表中数据可看出姜汁添加量对面条的整体影响较大。

2.2 不同胡萝卜浆添加量对面条品质的影响

添加胡萝卜浆除了能加强面条的营养保健功能，主要是改变面条的色泽，丰富花色面条的种类。把胡萝卜浆分别按照 0，3%，6%，9% 和 12% 的比例加入小麦粉中，用混合粉制作面条，将面条晾干后煮制 4min，测定其烹煮特性。结果见表 2-5-3。

表2-5-3　不同胡萝卜浆添加量对面条品质的影响

Table 2-5-3　The effects of different carrot pulp addition on noodle quality

添加比例（%）Proportion of added	色泽 Color	自然断条率（%）Natural broken bars	熟断条率（%）The cooked broken bars	吸水率（%）Water absorption	烹饪损失率（%）Cooking loss rate
0	米黄色	7.9	7.0	149.1	8.1
3	灰白色	8.2	7.2	151.7	8.3
6	微红色	8.5	7.3	150.9	8.5
9	淡红色	8.8	7.5	150.6	8.9
12	粉红色	8.3	7.4	147.3	10.0

结果表明，随着胡萝卜浆添加量的增加，面条断条率和烹调损失率逐渐增大，吸水率逐渐减少。当胡萝卜浆添加量达到 12% 时，面条的断条率和烹调损失率增大趋势明显。

2.3 食用碱对面条品质的影响

面粉中加入姜汁和胡萝卜浆后使和面的面团易裂脆，无延伸性，不易压延成型，加工比较困难，因此需要对其加工工艺进行改进。通过加入食用碱可使面团有较好的黏弹性、伸展性、抗破断性等。实验采用食用碱来对面条进行品质改良，将面条晾干后煮制 4min 后测定其品质和烹煮特性，结果见表 2-5-4。

表2-5-4 不同食用碱（小苏打）添加量对面条品质的影响

Table 2-5-4 The effects of different edible alkali (baking soda) addition on noodle quality

添加比例（%）Proportion of added	色泽 Color	自然断条率（%）Natural broken bars	熟断条率（%）The cooked broken bars	吸水率（%）Water absorption	烹饪损失率（%）Cooking loss rate
0	米黄色	7.9	7.0	149.1	8.1
0.4	米黄色	7.8	7.0	152.3	8.1
0.5	米黄色	6.3	6.7	155.9	7.9
0.6	米黄色	5.9	6.5	156.2	6.8
0.7	米黄色	5.7	6.5	159.8	6.0

由表 2-5-4 可知，随着食用碱添加量的增加，面条断条率和烹饪损失率先逐渐降低，当食用碱添加量达到 0.7% 时呈上升趋势，但可看出食用碱对面条的整体影响较小。

2.4 食盐添加量对面条烹煮品质的影响

在面粉中加入适量的食盐可以改善面团的面筋结构而起到改良面团流变学特性的作用，食盐能增加面条的强度而减少断条率。在和面时，因为食盐具有较强的渗透作用，能促进小麦粉快速吸收水分，从而缩短面团醒置时间。在干燥时，因食盐具有一定的保湿作用，能避免湿面条因风干过快而引起酥面、断条。但是食盐添加量过多不仅会影响面条口感，而且会降低面粉中面筋的形成率，从而使面条的蒸煮损失率、断条率增加。现将食盐按不同比例添加到面条中，将做好的面条煮制 4min 后测定其品质和烹煮特性，结果见表 2-5-5。

表2-5-5　不同食盐添加量对面条品质的影响

Table 2-5-5　The effects of different salt addition on noodle quality

添加比例（%）Proportion of added	色泽 Color	自然断条率（%）Natural broken bars	熟断条率（%）The cooked broken bars	吸水率（%）Water absorption	烹饪损失率（%）Cooking loss rate
0	米黄色	7.9	7.0	149.1	8.1
1.5	米黄色	7.7	7.0	153.5	8.0
2.5	米黄色	7.6	6.9	157.6	7.7
3.5	米黄色	7.4	6.7	158.8	7.4
4.5	米黄色	7.7	6.9	158.1	7.5

表 2-5-5 表明随着食盐的增加，面条蒸煮损失率、断条率逐渐降低，吸水率逐渐升高，但总体变化趋势不大，当食盐添加量达到 4.5% 时，面条蒸煮损失较低，吸水率最高，研究结果与王冠岳等一致。

2.5 原料配比工艺优化

选择姜汁、胡萝卜浆、食盐及食用碱的添加量作为产品品质的主要影响因素，选用 $L_9(3^4)$ 正交实验表确定胡萝卜姜汁功能面条的原材料最佳配比，正交实验因素水平取值见表 2-5-6。配方的优劣采用感官评价和极差分析的方法确定，实验结果与极差分析见表 2-5-7。

表2-5-6　正交实验因素水平表

Table 2-5-6　Table level of the factors orthogonal experiment

水平 Level	因素 Factor			
	A 姜汁（%）	B 胡萝卜浆（%）	C 食盐（%）	D 食用碱（%）
1	10	6	2.5	0.5
2	14	9	3.5	0.6
3	18	12	4.5	0.7

表2-5-7 正交实验结果

Table 2-5-7 Orthogonal experimental results

实验号 Experiment number	A 姜汁 Okara	B 胡萝卜浆 Carrot pulp	C 食盐 Salt	D 食用碱 Food base	S 评分 Score
1	1	1	1	1	83
2	1	2	2	2	84
3	1	3	3	3	78
4	2	1	2	3	83
5	2	2	3	1	93
6	2	3	1	2	89
7	3	1	3	2	77
8	3	2	1	3	80
9	3	3	2	1	79
K_1	245	243	252	255	
K_2	265	257	246	250	
K_3	236	246	248	241	
k_1	81.67	81.00	84.00	85.00	
k_2	88.33	85.67	82.00	83.33	
k_3	78.67	82.00	82.67	80.33	
R	29	14	6	14	
最佳配比	$A_2B_2C_1D_1$				

根据正交实验的感官评分结果和极差分析的结果可以得出一致的结论。因素 A（姜汁的添加量）的 R 值最大，对实验结果影响最为显著，各因素的影响大小顺序为 A>B=D>C。根据极差分析可知正交实验的最优水平为 $A_2B_2C_1D_1$，即姜汁添加量为 14.0%，胡萝卜添加量为 9.0%，食盐添加量为 2.5%，食用碱的添加量为 0.5%。此时对面条的品质评价结果为感官评价 94 分，自然断条率 10.1%，熟段条率 9.8%，吸水率 164.3%，烹饪损失率 6.5%。

3. 产品质量指标

3.1 感官指标

生面条表面光滑性：观察面片表面的光滑度。
生面条吸水均匀性：观察面片表面吸水是否均匀，是否产生条纹。
色泽：面条具有淡淡的橘红色。
风味：无胡萝卜的不良气味，有生姜特殊的清香味。
烹调性：面条煮熟后不粘锅，面汤清澈，面条柔软爽口，不粘牙。

3.2 理化指标

水分：5.0%~6.5%，盐分≤ 2.0%，熟断条率≤ 10%。

3.3 卫生指标

符合国家花色面条标准的规定。

4. 结论

4.1 从实验结果知：姜汁、胡萝卜浆按一定比例加入面粉中制作功能面条，随着姜汁添加比例的增加，所形成的面条断条率随之增加，表观状态和食味评价指标降低，从而导致做出的面条品质变差。

4.2 采用正交实验对胡萝卜姜汁功能面条的原料添加比例进行优化，以感官检验为评价指标，结果表明，最佳配方为：面粉 100g，姜汁添加量 14.0%，胡萝卜浆添加量 9.0%，食盐添加量 2.5%，食用碱添加量 0.5%，水 35.0%，在此条件下经和面、面团醒置、压片、切条与干燥工艺，可制得品质较好的面条。按最优工艺的原料配比、工艺条件制造的胡萝卜姜汁功能面条具有色泽橘红，风味独特，柔软爽口，营养丰富，滋味良好的特点。

4.3 胡萝卜姜汁功能面条不仅提高了姜汁的利用率和附加值，拓展了胡萝卜的食用途径，而且现在功能面条已经是一种大众化的餐桌食品，其生产方式既适合小作坊式生产又适合工业化生产，应具有较好的市场开发前景。

第六章　姜茶加工工艺研究

茶，中国的国粹，独特的茶文化让茶在中国大受欢迎，茶中的多酚类物质有三十多种，其中最主要的组分儿茶素具有不同程度的抗氧化、抗辐射、抗突变、抗癌、防癌，降低血液中胆固醇及极低密度脂蛋白含量，抑制血压上升等作用。另外，茶氨酸是茶中独特的氨基酸，占总氨基酸含量50%以上，具有增强记忆、防治老年痴呆的作用，茶中的咖啡因有增强体循环和利尿的作用。以及茶中的维生素C和N、P、K等可调节人体pH平衡，茶饮料被誉为二十一世纪的饮料之王。

利用姜与茶的复配，在姜汁中若配合以茶汤，能增加茶香，中和姜汁的辛辣，丰富了饮料的风味，可谓集风味、营养及保健作用于一身，不但有医用价值和保健作用，而且是一种色、香、味俱佳的饮品。在旅游业兴旺发展的今天，具有预防晕车、失眠等功效，必将倍受各类消费者的青睐，市场前景广阔。

本文利用水对生姜、茶叶进行浸提，对生姜、茶叶的浸提温度和时间进行优化，确定出最佳的浸提时间和温度。对姜汁、茶汤进行复合，调配出风味、营养及保健于一身的色、香、味俱佳的饮品。

1. 材料设备与工艺流程

1.1 原材料与设备

1.1.1 姜

为黄瓜山所产的新鲜老姜。

1.1.2 绿茶

市场销售的中档永川绿茶，因每种绿茶成分差异较大，所以整个实验中用的为同一种绿茶。

1.1.3 试剂

蔗糖、抗坏血酸钠、柠檬酸、甜蜜素、黄原胶、山梨酸钾、蒸馏水。

1.1.4 实验设备

水浴锅、电池炉、均质机。

1.2 生产工艺

姜→洗涤→切片→煮沸→浸提→过滤→姜→混合→调酸度
茶叶→洗茶→浸提→过滤→二次浸提→过滤→茶汤→灌装→杀菌→成品

2. 姜汁的制备

2.1 生姜原材料的处理

2.1.1 原料的挑选

姜是黄瓜山所产的新鲜老姜，挑选形状好的姜，不能有霉烂变质的。

2.1.2 清洗

先用自来水把生姜清洗干净，再用纯净水洗净。

2.1.3 切片

用刀把洗净的生姜切成 1mm 厚的薄片。

2.2 姜汁的提取工艺流程

姜汁的提取方法有酶法提取和浸提等方法，本实验是用浸提的方法，在沸水浴对生姜片进行提取。

护色：为了保持姜茶特有的姜汁色泽，防止氧化褐变，在姜汁的制备过程中可加入 0.5‰的柠檬酸进行护色。

浸提：以姜、水比为 1∶10(V/V)。量取 500mL 的蒸馏水，煮沸。在煮沸的情况下加入处理好的姜片 50g。待生姜的风味完全被浸提出来，过滤。

过滤：浸提完成后的姜汁用 8 层纱布进行过滤。

2.3 姜汁提取时间的确定

老姜浸提时间的长短对姜汁的品质有影响，时间过长姜汁容易发生褐变，使得姜汁颜色由黄色变为黄褐色，影响姜汁的感官。浸提时间过短，又不能有效地提取出老姜里面有效成分姜辣素和酮类物质。本实验通过姜在浸提过程中的颜色和辣味的变化，确定姜汁最佳提取时间。

实验设计：根据2.2中的浸提方法，在加入姜片后开始计时，分别在15min，20min，25min，30min，35min时间段，观察姜汁的颜色变化情况，品尝其辛辣味变化情况，并记录。浸提时间对姜汁品质的影响如表2-6-1。

表2-6-1　浸提时间对姜汁品质的影响

Table 2-6-1　extraction time of ginger quality

浸提时间(min)	15	20	25	30	35
色泽	淡黄色	浅黄色（浓）	黄色（浓）	和25min无明显差异	褐色加深
风味	辛辣味明显	辛辣味加浓	辛辣味加浓	辛辣味不变	辛辣味不变

通过表2-6-1可以看出，姜汁的颜色随着浸提时间的增加，黄色随之加深，在20min后颜色基本没有变化，时间超过30min姜汁的颜色随着氧气的加入，姜汁被氧化从而颜色变成了褐色。姜汁的辛辣味在20min辣味逐渐加深，25min后基本上没有变化，说明生姜中辛辣成分在25min后基本上提取完全。

姜浸提时间在25~30min为最佳，如果时间过短则不能完全提取出来，如果时间过长则会发生褐变，导致姜汁的颜色偏褐色。

2.4 姜汁的脱气

姜汁内氧气的影响：姜汁中主要为姜酮和姜酚等抗氧化性物质，在有氧气的情况下，易被氧化使得姜汁的淡黄色变为褐色，使得颜色变差，影响姜汁的质量。脱除姜汁中的氧气，能有效地减少氧气对姜汁的氧化，有利于姜汁的储存。

姜汁脱气的方法：制备好的姜汁趁热在沸水浴的中加热，利用热力排除姜汁中的氧气，加热2~3min后趁热盖上盖子，使姜汁中的氧气尽量去除。利用热封的形式进行脱气，也能有效地杀死姜汁中大量的病原微生物。

3. 茶汤的制备

茶汤的好坏，关系到饮料的好坏，好的茶汤应为黄绿色，没有除了茶香味以外其余的味道。茶汤的浸提与时间和茶叶浸提次数有关，茶叶浸提时间越长，茶汤的风味越浓，茶汤颜色越深，茶汤浸提次数越多，茶汤颜色越浅，茶汤杂味越少。

3.1 茶叶原材料的选择

3.1.1 茶叶的挑选

茶叶选择超市所卖的永川绿茶，为了节约成本，应该买价格便宜的绿茶，去除霉烂部分。

3.1.2 使用水的选择

水质影响；据杨海昭 [4] 报道，水质要求为纯净水，能最大程度减少沉淀，增加茶汁的稳定性。此外，水中离子的存在会影响浸提液色泽和口味，因此在整个实验中选用的都是纯净水。

3.2 茶汤的浸提

茶汤一般是利用浸提的方法对茶叶进行提取，绿茶为不发酵茶，浸提温度70℃提取最佳。

洗茶：用沸水洗掉茶叶表面的杂质和不良风味。

3.2.2 浸提

在 70℃下对茶叶进行浸提。

3.2.3 过滤

用八层纱布进行过滤。

3.2.4 二次浸提

2.2.3 中过滤完后的茶叶，在 70℃下浸提。

3.2.5 过滤

用八层纱布进行过滤。

3.2.1 洗茶时间的确定

绿茶第一次在 70℃提取 20~30min 后，茶汤颜色为黄褐色较深，风味不纯正，茶汤不是单一的清香味。在茶叶浸提前，用沸水对茶叶进行洗涤，可以解决茶汤风味不纯正的问题。

实验设计：分别用沸水洗涤茶叶 1min，2min，3min，茶水比为 1 ： 100[V/V]，再在 70℃下浸提，分别在 15min，20min，25min，30min 观察其茶汤的颜色。茶汤的理想颜色为黄绿色，可以通过茶汤颜色来确定茶汤品质的好坏。沸水处理次数对茶汤品质的影响如表 2-6-2。

表2-6-2 沸水处理次数对茶汤品质的影响

Table 2-6-2 processing times in boiling water for tea quality

浸提时间（min）	15	20	25	30
洗涤 1min	黄褐色（稍浅）	黄褐色	黄褐色	黄褐色
洗涤 2min	浅黄褐色	黄褐色	黄褐色	黄褐色
洗涤 3min	浅黄褐色	黄褐色	黄褐色	黄褐色

茶汤在浸提前处理 1min，2min，3min 茶汤颜色有改观，3min 处理的茶汤颜色明显明亮些。洗茶时间 3min 为最佳。

3.2.2 茶叶浸提次数对茶汤的影响

茶叶的浸提分为两步，茶叶的第一次浸提和茶叶的第二次浸提。茶叶的第一次浸提一般颜色较浓，风味不纯正。茶叶的第二次浸提能使茶汤的颜色变淡，茶汤的颜色更接近理想的黄绿色，风味变得纯正。

实验设计：利用 2.2.1 洗涤得到的茶叶，茶水比为 1：100（V/V），在 70℃下浸提。分别在 15min，20min，25min，30min 观察其茶汤颜色。浸提效果如表 2-6-3。

表2-6-3 茶叶浸提次数对茶汤品质的影响

Table 2-6-3 tea extraction times on tea quality

浸提时间（min）	15	20	25	30
第一次浸提	黄褐色	黄褐色	黄褐色	黄褐色
第二次浸提	淡黄绿色	黄绿色	黄绿色	黄绿色

通过表 2-6-3 可以看出，在 70℃下浸提 20min，第一次浸提得到的茶汤颜色较深，为黄褐色，没有得到理想的黄绿色。因此茶叶第一次浸提的茶汤没有理想的效果。 而第二次浸提得到的茶汤颜色为理想的黄绿色，茶汤颜色效果理想。应该选择第二次浸提的茶汤为原料。

永川绿茶在沸水处理 3min，70℃下，浸提 25min，第二次浸提得到的茶汤颜色、风味能达到最佳效果。

3.3 茶汤的脱气

茶汤内的氧气影响：茶汤中主要为茶多酚等抗氧化性物质，在氧气的情况下，易被氧化使得茶汤的黄绿色变为黄褐色，使得颜色变差，影响茶汤的质量。脱除茶汤中的氧气，能有效地减少氧气对茶汤的氧化，有利于茶汤的储存。

茶汤的脱气：制备好的茶汤趁热在沸水浴中加热，利用热力排除茶汤中的氧气，加热 2~3min 后趁热盖上盖子，使茶汤中的氧气尽量去除。利用热封的形式进行脱气，也能有效地杀死姜汁中大量的病原微生物。

4. 姜汁、茶汤、水的最佳配比

4.1 姜汁、茶汤的复配的单因素实验

实验设计：量取姜汁 50mL，姜汁的量为固定的 50mL，改变茶汤的添加量，以 10mL 为梯度，每组多添加 10mL 的茶汤，调配出风味最佳的姜茶饮料。通过对复配后的颜色、风味。确定出一个风味最好的姜茶比。结果如表 2-6-4。

表2-6-4　姜汁、茶汤最佳配比

Table 2-6-4　ginger tea best ratio

编号	姜汁(mL)	茶汤(mL)	色泽	口感
1	50	0	黄色	入口辛辣，难以下喉
2	50	10~40	黄色	入口辛辣，茶汤不足
3	50	50	黄色	入口感觉一股姜汁的辛辣，随后有微微的茶的后苦味，姜汁的辛辣味把茶的后苦味给覆盖住了

续 表

编号	姜汁(mL)	茶汤(mL)	色泽	口感
4	50	60	黄色	入口感觉一股姜汁的辛辣，随后有茶的后苦味，姜汁的辛辣味把茶的后苦味给覆盖住了
5	50	70	黄绿色	先有一股茶的苦味，后有辛辣味。最后有一股后苦味。但是辛辣味和后苦味都太浓
6	50	80	黄绿色	先有一股茶的苦味，后有辛辣味。最后有一股后苦味。但是都太浓
7	50	90	黄绿色	姜的辛辣味被茶汤的后苦味给覆盖住了。姜汁不足
8	50	100	黄绿色	姜的辛辣味被茶汤的后苦味给覆盖住了。姜汁不足

通过表 2-6-4 可以看出，当茶汤添加量在 70mL 和 80mL 时姜的辛辣味和茶的后苦味相辅相成，有最好的姜茶风味。因此，确定姜汁和茶汤的比例在 5：7~5：8（*V*/*V*）之间。

4.2 姜茶、水的复合

如果直接以姜汁、茶汤比为 5：7（*V*/*V*）进行复配，搭配出的饮料太浓，姜汁辛辣味和茶汤的后苦味都很浓，只有加水稀释后才能使得姜茶的风味变得更可口，风味更迷人。

实验设计：选择姜、茶比为 5：7（*V*/*V*）。做五组实验，每组量取姜汁 50mL，茶汤 70mL，分别每组添加 60mL，120mL，180mL，240mL，300mL 的水进行稀释，以复合饮料的颜色和风味来进行判断，挑选出姜茶、水较好的配比。复配结果如表 2-6-5。

表2-6-5 姜汁、茶汤和水的最初配比

Table 2-6-5 ginger，tea and water，the initial ratio of

编号	茶汤(mL)	姜汁(mL)	水(mL)	色泽	口感
1	50	70	60	淡黄绿色	姜的辣味和茶的后苦味都太浓

续　表

编号	茶汤(mL)	姜汁(mL)	水(mL)	色泽	口感
2	50	70	120	淡黄绿色	姜的辣味和茶的后苦味都太浓
3	50	70	180	淡黄绿色	姜的辣味和茶的后苦味比较浓
4	50	70	240	淡黄绿色	姜的辣味和茶的后苦味都偏淡
5	50	70	300	淡黄绿色	姜的辣味和茶的后苦味都偏淡

从表 2-6-5 当中可以看出，水的添加量在 180mL 的时候，姜茶中姜的辛辣和茶的后苦味较浓，当水的添加量为 240mL 的时候，姜茶中姜的辛辣和茶的后苦味偏淡。240mL 的时候姜茶的味道从浓开始变淡。因此，确定姜茶和水的最初比例在 5：7：18~5：7：24（*V*/*V*/*V*）之间。

4.3 姜茶、水最终配比的确定

确定了姜茶和水初步比例，进一步在确定的比例中细化，确定出姜茶、水的最佳比例

实验设计：以 4.2 中得出的最初小结姜汁、茶汤、水比例 5：7：16~5：7：24[*V*/*V*/*V*] 为基础，分 5 组，每组量取姜汁 50mL，茶汤 70mL，分别用 190mL，200mL，210mL，220mL，230mL 的水进行稀释，通过对颜色、口感来判断出水稀释的最佳比例。其结果如表 2-6-6。

表2-6-6　姜汁、茶汤和水最佳配比的细化

Table 2-6-6　ginger, tea and water best ratio of refinement

编号	姜汁(mL)	茶汤(mL)	水(mL)	色泽	感官
1	50	70	190	淡黄绿色	姜的辣味和茶的后苦味比较浓
2	50	70	200		姜的辣味和茶的后苦味都适中
3	50	70	210		姜的辣味和茶的后苦味都适中
4	50	70	220		姜的辣味和茶的后苦味都适中
5	50	70	230		姜的辣味和茶的后苦味都偏淡

从表 2-6-6 中可以看出，姜、茶水比例在 5∶7∶20（*V*/*V*/*V*）到 5∶7∶22（*V*/*V*/*V*）颜色为淡黄绿色，姜汁的辛辣味和茶的后苦味都相得益彰，使得姜茶先有茶的后苦味，再感到姜的辛辣，最后又是茶的后苦味，风味最佳。因此，确定姜、茶、水比例为 5∶7∶21（*V*/*V*/*V*）为最佳比例。

5. 黄原胶添加量的确定

5.1 . 黄原胶的添加量

黄原胶在饮料中的添加量为 1‰ ~3‰（G/G），根据姜茶复合饮料的风味，黄原胶的添加量应该在 0‰ ~1‰之间。黄原胶在 GB2760—2011 的最大使用量为 0.2%~1%。

实验设计：以姜、茶、水 5 ∶ 7 ∶ 21（*V*/*V*/*V*）为固定比例，分别做六组实验，每组分别添加 0.0‰，0.2‰，0.4‰，0.6‰，0.8‰，1.0‰浓度的黄原胶，通过饮料在口中的滞留时间，来确定黄原胶的最佳添加量。黄原胶添加效果如表 2-6-7。

表2-6-7　黄原胶添加量的确定

Table 2-6-7　the addition amount of xanthan gum OK

编号	黄原胶	口感
1	0.0 ‰	入口后，姜茶在口中没有一种滞留感
2	0.2 ‰	入口后，姜茶口中没有明显滞留感
3	0.4 ‰	入口后，姜茶在口中有滞留感
4	0.6 ‰	入口后，姜茶在口中滞留感明显，适中
5	0.8 ‰	入口后，姜茶在口中滞留感明显，黄原胶添加量过高
6	1.0 ‰	入口后，姜茶在口中滞留感明显，黄原胶添加量过高

从表 2-6-7 中可以看出，黄原胶添加量少于 0.2‰时，没有滞留感，黄原胶添加量为 0.4‰时有滞留感，但不明显。黄原胶添加量在 0.6‰时滞留感适中，当黄原胶添加量超过 0.8‰时。滞留感太过明显，黄原胶超量。因此，黄原胶添加量为 0.6‰。

6. 糖酸比的调配

饮料有一个良好的糖酸比，能更好地突出饮料的风味，合适的糖酸比，能使得饮料变得让人愉悦和令人喜欢。

6.1 蔗糖添加量单因素实验

实验设计：姜、茶、水比例 5：7：21（*V/V/V*）为基础，以 1% 为浓度梯度，每组蔗糖的添加量分别为 1%，2%，3%，4%，5%。从复合饮料的甜味来确定蔗糖的最佳添加量。蔗糖添加量结果如表 2–6–8。

表2–6–8　蔗糖添加量的确定

Table 2–6–8　to determine the added amount of sucros

编号	蔗糖	甜蜜素	柠檬酸	口感
1	1%	0	0	甜度纯正，但甜度不够，甜味延长性不够
2	2%	0	0	甜度纯正，但甜度不够，甜味延长性不够
3	3%	0	0	甜味纯正，甜味适中，甜味延长性不够
4	4%	0	0	甜度纯正，但甜味过甜，甜味延长性不够
5	5%	0	0	甜度纯正，但甜味过甜，甜味延长性不够

从表 2–6–8 中可以看出，当蔗糖的添加量小于 2% 时，甜味不够。3% 为最佳的蔗糖添加量。但蔗糖添加量高于 4% 时，甜味又过甜。但当只添加蔗糖的时候，甜味纯正但是甜味的延长性不够。因此，确定蔗糖的添加量为 3%。

6.2 蔗糖和甜蜜素最佳配比实验

当蔗糖的含量达到 3% 时，姜茶的甜味适中，但是甜味的延长性不够好，在姜茶中适当加入甜蜜素能增加甜味的延长性，使得姜茶复合饮料甜味更悠长。根据 GB2760—2011 中规定甜蜜素在饮料中的最大使用量为 0.65g/kg。

6.2.1 实验设计

根据甜蜜素的甜度是蔗糖的 30 倍，以 3% 的蔗糖为标准，蔗糖的添加量逐渐递减，甜蜜素的添加量相应地逐渐递增，在总甜度（相当于蔗糖的甜度）相对不变的情况下，来确定一个甜味既纯正又有良好的延长性的最佳蔗糖 、甜蜜素的配比。

实验设计：以白糖 0.5%，1%，1.5%，2%，2.5%，3% 递增六个梯度，甜蜜素 0.75‰，0.6‰，0.45‰，0.3‰，0.15‰，0.0‰递减六个梯度。

表2-6-9　蔗糖、甜蜜素最佳配比的确定

Table 2-6-9　sucrose，sodium cyclamate determination of the optimum ratio of

编号	蔗糖	甜蜜素	总甜度(相当于蔗糖的量)	口感
1	0.5 %	0.75 ‰	2.75 %	甜度足够，甜味延长性足够，但甜味不够纯正
2	1.0 %	0.6 %	2.8 %	甜度足够，甜味延长性足够，但甜味不够纯正
3	1.5 %	0.45 ‰	2.85 %	甜度足够，甜味延长性足够，但甜味不够纯正
4	2.0 %	0.3 ‰	2.9 %	甜度足够，甜味延长性足够，甜味纯正
5	2.5 %	0.15 ‰	2.95 %	甜度足够,甜味的延长性不够，甜味纯正
6	3.0 %	0.0 ‰	3.0 %	甜度足够，甜味延长性不够，但甜味纯正

从表 2-6-9 可以看出在蔗糖添加量为 2.0%，甜蜜素的添加量为 0.3‰，总甜度（相当于蔗糖的甜度）为 2.9% 时，甜度足够，甜味延长性足够，甜味纯正。为甜蜜素和蔗糖的最佳配比。因此，确定蔗糖和甜蜜素的最佳添加量分别是 2.0% 和 0.3‰。

6.3 蔗糖、柠檬酸、甜蜜素添加量实验

6.3.1 蔗糖、柠檬酸、甜蜜素的正交实验

实验设计：$L_9(3^4)$ 正交表进行实验，实验条件如表 2-6-10。

口感打分：最低分 60 分，甜度足够，甜度有延长性，甜味纯正，糖酸比适中四项各十分。满分 100 分。 评分质量标准如表 2-6-11。

表2-6-10　实验因素及水平

Table 2-6-10　experimental factors and the level of

因素	1	2	3
A(蔗糖添加量%)	1.5	2.0	2.5
B(甜蜜素添加量‰)	0.15	0.3	0.45
C(柠檬酸添加量%)	0.04	0.05	0.06

表2-6-11　姜茶饮料感官质量标准

Table 2-6-11　ginger tea sensory quality standards

指标	状态	分数
甜度	甜度适中	10
甜味延长性	入口后甜味能较长时间留在口中	10
甜味纯正	甜味和蔗糖的甜味相似	10
糖酸比合适	甜味和酸味适中	10

表2-6-12　蔗糖、甜蜜素、柠檬酸正交实验

Table 2-6-12　sucrose，sodium cyclamate，citric acid orthogonal test

编号	蔗糖	甜蜜素	柠檬酸	口感	评分
1	1.5 %	0.15 ‰	0.04 %	甜度不够，甜度不够纯正，没延长性，过酸	60
2	1.5 %	0.3 ‰	0.05 %	甜度不够，甜味不够纯正，甜度有延长性，过酸	70
3	1.5 %	0.45 ‰	0.06 %	甜度够，但不够纯正，甜味有延长性，过酸	80
4	2.0 %	0.15 ‰	0.05 %	甜度够，纯正，甜度延长性不够糖酸比适中	90
5	2.0 %	0.3 ‰	0.06 %	甜度够，纯正，甜味有延长性，有点过酸	90
6	2.0 %	0.45 ‰	0.04 %	甜度适中，纯正，有延长性，糖酸比适中。	100
7	2.5 %	0.15 ‰	0.06 %	甜度适中，纯正，但延长性不好，过酸	80
8	2.5 %	0.3 ‰	0.04 %	甜度适中，纯正，有延长性，糖酸比适中	100
9	2.5 %	0.45 ‰	0.05 %	过甜，甜味有延长性，酸度适中	90

从表 2-6-12 中可以看出，编号为 6 和 8 的实验组有较好的口感。编号为 6 的实验组的蔗糖添加量为 2.0%、甜蜜素添加量为 0.3‰，柠檬酸添加量为 0.04%；编号为 8 的蔗糖添加量为 2.5%，甜蜜素添加量为 0.3‰，柠檬酸添加量为 0.04%；都有一个纯正的甜味和延长性较好的甜度，糖酸比适中。因此根据 5.2 中的蔗糖和甜蜜素的最佳配比，选择编号为 6 的实验组。蔗糖 2.0%、甜蜜素 0.3‰、柠檬酸 0.04% 为最佳。

7. 姜茶复合饮料的防腐

7.1 山梨酸钾和异抗坏血酸钠

相对于苯甲酸而言，山梨酸钾的毒性低于苯甲酸，而且苯甲酸的适应范围为 pH<4.5 较适合于酸性食品，而山梨酸钾的适用范围在 pH<5，而对于姜茶复合饮料 pH 在 4~5 左右，山梨酸钠更适合于该复合饮料的防腐。异抗坏血酸钠，俗称异维生素 C 钠，有良好的抗氧化作用，对于防止姜茶复合饮料的褐变和变质有着良好的作用。

7.2 山梨酸和抗坏血酸的添加量

根据 GB2760—2011 中规定，山梨酸钠在复合饮料中的最大使用量为 0.6g/kg，为 0.6‰，该姜茶复合饮料的山梨酸钠的添加量为 0.2‰。根据 GB2760—2011 中规定，异抗坏血酸 0.15g/kg，为 0.15‰，该姜茶复合饮料的添加量为 0.06‰。

7.3 灭菌

采用在 100℃下对产品灭菌 20min，灭菌要彻底。尽量杀死饮料里面的细菌。灭菌后，室温放置 3 个月，最后观察无变质、无不良气味。灭菌效果良好。

8. 结论

8.1 姜茶复合饮料最终配方

表2-6-13　姜茶复合饮料最终配方

Table 2-6-13　ginger tea compound beverage final formulation

成分	姜汁	茶汤	水	蔗糖	甜蜜素	柠檬酸	黄原胶	山梨酸钾	抗坏血酸
含量	15.15 %	21.21 %	63.63 %	2%	0.3 ‰	0.04 %	0.4 ‰	0.2 ‰	0.06 ‰

茶叶浸提液放冷后，出现乳酪状的浑浊物，制作姜茶关键在于制备茶汁、解决姜茶饮料沉淀、褐变。影响茶乳酪生成的因素是很复杂的，在生产或保存姜茶饮料中往往几种因素共同作用，所以，为了提高姜茶饮料的品质，就必须保证茶汁中儿茶素、茶多酚的稳定性。实践证明采取脱气，加入抗氧化，采用无离子水浸提等工艺可提高姜茶饮料的稳定性，使姜茶饮料无沉淀形成。

本课题组关于生姜的加工方法的研究还做了很多尝试，比如有关姜油树脂的提取和微胶囊化等方面的研究，鉴于该部分内容已经在相关期刊发表，故在此不再重复。

参考文献

[1] 莫开菊，汪兴平，程超．糖姜片的无硫护色及加工工艺研究 [J]. 农业工程学报 ,2005,21(1): 155-158.

[2] 朱定和，夏文水．莲藕食品的加工现状与发展 [J]. 食品工业科技 ,2002,(8):99-100.

[3] 吴永宁．现代食品安全科学 [M]. 北京：化学工业出版社 , 2003,15,509.

[4] 郁志芳，李宁，赵友兴．鲜切莲藕贮藏中的酚类物质变化及控制褐变的抑制剂组合筛选 [J]. 南京农业大学学报 ,2003,(1):78-81.

[5] 李洁，王清章．莲藕中的酶促褐变及其控制 [J]. 山西食品工业 ,2000,(2):10-12.

[6] 黎继烈，陈永安，唐松元等．板栗产品的褐变及护色方法的研究 [J]. 林业科技通讯 ,2001, (10):10-12.

[7] 段杉，孙丽芹，姜爱莉．茶多酚在抑制板栗褐变中的应用 [J]. 中国食品添加剂 ,1998,(3) : 10-12.

[8] Castanea M,Gil Mi,Aries F.Organic acids browning inhibitors on harvested “Baby” lettuce and endive [J] .European Food Research and Technology,1997,(205):375-379.

[9] Gurbuz Gunes,Chang YL.Color of minimally processed potatoes as affected by modified atmosphere packaging and anti-browning reagent s[J].J Food Sci,1997,62(3):572-575.

[10] Spears G M,Miller R L.Enzymatic browning controlling potato with ascorbic acid-2-phosphates[J].J Food Sci,1992,57(5):1132-1135.

[11] Charles R Sterrett,Todd F Leach,Jerry N Cash.Bisulfite alternatives in processing abrosia n-peeled russet bur-bank potatoes[J].J Food Sci,1991,56(1):257-259.

[12] 万素英，赵亚军，李琳等．食品抗氧化剂 [M]. 北京：中国轻工业出版社，1998,19-20、1196.

[13] 石碧，狄莹．植物多酚 [M]. 北京：科学出版社 ,2000,100-111.

[14] 李素明 . 生姜和干姜药理研究进展 , 中草药 ,1996（6）:471–473.

[15] 宁正祥 , 赵谋明编著 . 食品生物化学 . 广州 : 华南理工大学出版社 , 1995,293–298.

[16] 吴谋成 . 食品分析与感官评定 [M]. 中国农业出版社 ,2002,3.

[17] 王钦德 . 食品实验设计与统计分析 [M]. 中国农业大学出版社 ,2002.7.

[18] 赵存梅 , 朱世斌 . 药物泡腾剂技术 [M]. 北京 : 化学工业出版社 , 2007 ： 5–13.

[19] 葛毅强 , 倪元颖 , 张振华 . 生姜、大蒜、洋葱 3 种传统香辛调味料的研究开发 [J]. 食品与发酵工业 ,2003, 29(7):59–64.

[20] 刘雪梅 . 生姜的药理作用研究进展 [J]. 中成药 ,2002,24(7):53–55.

[21] Jia Yongliang,Zhang Junming.Analgesic and Anti–inflammatory Effects of Ginger [J]. Chinese Herbal Medicines,2011,31(2):150–155.

[22] 孙永金 . 生姜药理作用研究进展 [J]. 现代中西医结合杂志 2007, 16(4):562

[23] 李录久 , 刘荣乐 , 陈防 . 生姜的功效及利用研究进展 [J]. 安徽农业科学 ,2009,37（30）:14657–14658.

[24] 卢传坚 , 欧明 . 姜的化学成分分析研究概述 [J] . 中药新药与临床药理 , 2003, 14(3) : 215– 216.

[25] 何洁 . 红糖及其产品开发 [J]. 轻工科技 ,2013,11(15):16–18.

[26] 国家药典委员会 . 附录 XA 崩解时限检查法 . 中华人民共和国中医药法 (二部附录)[M]. 中国医药科出版社 ,2010 ：片剂 .

[27] 罗晓健 , 辛洪亮 , 饶小勇 , 等 . 板蓝根泡腾片干法制粒工艺研究 [J]. 中国中药杂志 ,2008,12 ： 1402–1406.

[28] 胡晓云 , 赖艳 . 葛根药食两用的开发研究 [J]. 江西农业学报 , 2007,19(7): 65–67.

[29] 廖洪波 , 贺稚非 , 王光慈等 . 葛根的研究进展及展望 [J]. 食品工业科技 ,2003,24(2):81–83.

[30] 张国权 , 张娟 . 山药营养保健挂面的研制 [J]. 食品研究与开发 ,2008.

[31] 姚惠源 . 我国面粉加工业未来十年发展战略的思考 [J]. 粮油食品科技 ,2004,12(6):1–3.

[32] 李炜炜 , 陆启玉 . 国内保健挂面的研制现状 [J]. 粮食加工 ,2008（4）:69–70.

[33] 王莹莹 , 孔欣欣 , 马超艳 . 南瓜、胡萝卜花色挂面的研制［J］. 食品与发酵科技 ,2010 ： 06.

[34] 严怡红 . 胡萝卜食品的加工开发 [J]. 新技术新产品 ,2004 ： 12.

[35] 张如意 . 红薯营养挂面的研制 [J]. 食品与发酵科技 ,2010(2):96–97.

[36] 陈月英 . 高蛋白营养挂面的研制 [J]. 食品研究与开发 ,2003,24(6):78–79.

[37] 张继武 , 华平 . 黑大豆营养面条的研制 [J]. 食品科技 ,2010,35（8）:41–54.

[38] 中华人民共和国行业标准挂面 SB/T 10068—92[s].

[39] 刘鹏 , 陈洁 , 王春 . 面条品质评价方法的研究 [J]. 河南工业大学学报 , 2007, 13(2): 66–69.

[40] 邵佩兰 , 徐明 . 麦麸膳食纤维面条烹煮品质特性的研究 [J]. 农业科学研究 , 2007, 28(2):27–29.

[41] 潘润淑 , 周光宏 , 余小领 , 等 . 紫甘薯面条的加工工艺研究［J］. 食品科学 ,2008,29(11):169–172.

[42] 孙小凡 , 曾庆华 . 豆渣膳食纤维面条烹煮品质特性研究 [J]. 中国食物与营养 ,2009,11(2).

[43] 王冠岳 , 陈洁 , 王春 , 等 . 氯化钠对面条品质的影响的研究 [J]. 中国粮油学报 ,2008,23（6）:185–187.

[44] 郭晓娜 , 韩晓星 , 张晖 , 姚惠源 . 苦荞麦营养保健面条的研究 [J]. 中国粮油学报 .2009 ： 10

[45] 计红芳 , 张令文 , 张远 , 孙科祥 . 苦瓜保健面条的研究 [J]. 食品工业科技 .2009 ： 02

[46] 王钦德 , 杨坚 . 食品实验设计与统计分析 [M]. 北京 : 中国农业大学出版社 ,2009 ： 07

[47] 陈燕 . 用改进的高效液相色谱法 (HPLC) 测定姜中的姜辣素 [J]. 食品科学 ,2001(4):60.

[48] 曹小彦 . 姜茶加工工艺探讨 [J]. 食品与机械 ,2003（1）:43.

[49] 杨海昭 . 乌龙茶饮料沉淀原因及解决方法初探 [J]. 食品工业科技 ,2000(2):21–23.

[50] 彭新 . 茶汁制备的关键技术 [J]。食品工业科技 ,1997 (6):20–25.

[51] 朱俊晨 . 姜汁茶生产工艺条件的研究 [J]. 食品科学 ,2001,22（11）:49.

第三部分

现代生物工程技术在生姜贮藏保鲜中的应用

第一章　生姜无病原种苗繁育技术

生姜属姜科姜属，为多年生宿根草本。但是，姜为无性繁殖作物，在长期的营养繁殖过程中，体内浸染积累了姜瘟病细菌和烟草花叶病毒、黄瓜花叶病毒，引起品种退化和品质下降、减产严重。荣昌、永川、潼南和丰都等区县为重庆市生姜主要栽培区，常年由于姜瘟病的危害而损失20%~30%，重病区域损失高达70%。感染了细菌性姜瘟病和烟草花叶病毒、黄瓜花叶病毒的生姜，叶片皱缩，生长缓慢，一般减产30%~50%。至目前为止，细菌性姜瘟病和花叶病毒尚不能通过农艺措施和化学防治来有效控制，直接给姜农带来重大经济损失，严重影响着重庆市生姜的产业化发展。

应用无病原种苗为生产种源是目前唯一能从根本上杜绝病毒病菌发生的有效途径。目前，重庆文理学院已建立脱毒种姜的关键繁育技术体系。在此基础上建立生姜种苗规模化繁育技术体系，形成一套完整的工厂化繁育技术标准，将大大推进重庆市生姜特色经济产业又好又快地发展。这种无病原种苗的种植繁育体系可以从根本上提高生姜的品质特性，抗病特性，从而对采后生姜的贮藏保鲜过程有很好的耐受性，可延长生姜的贮藏期。有关生姜无病原种苗繁育体系建立的相关研究已在相关文章发表，在此不再多述。

第二章　基因工程技术在生姜贮藏保鲜中的应用

乙烯，在正常情况下以气体状态存在。几乎所有的高等植物的器官、组织和细胞都能产生乙烯，生成量微小，但植物对它非常敏感，微量的乙烯（0.1mg/m^3）就可诱导果蔬的成熟，是最重要的植物衰老激素。因为对生姜种植过程以及采后乙烯含量的调控对生姜的采后贮藏保鲜期有着非常重要的影响。*AP2/ERF* 是植物转录因子中的一类，至少包含 145 个成员。*RAP2* 转录因子与乙烯（ET）有关，ET 是植物生长发育过程中的一种重要激素，在植物适应生物和非生物胁迫反应中起到十分重要的作用。植物种子的萌发、开花结果、程序性死亡等一系列生理过程及对非生物胁迫和病原体入侵的反应都和 ET 有密切的关系，而 *RAP2* 转录因子直接参与乙烯信号转导途径调控乙烯反应。对拟南芥中 *RAP2* 表达过量的个体和 *RAP2* 功能缺失的个体进行干旱处理发现表达过量的个体的抗旱能力明显强于功能缺失的个体，暗示 *RAP2* 在植物适应非生物胁迫方面具有一定功能。虽然 *RAP2* 转录因子已经在许多植物中发现，并证实其作用，但关于生姜中的 *RAP2* 转录因子研究甚少。

本次实验克隆生姜 Zo*RAP2* 转录因子基因，并检测该转录因子在不同组织、不同发育状态表达量的变化，为深入研究 *RAP2* 在生姜中的作用奠定基础。

1. 材料与方法

1.1 主要材料

生姜（竹根姜 *Zingiber officinale* Roscoe）幼苗移植到含有灭菌土壤的温室中，温室（温度：25 ℃，湿度：60%，光强：200 μE/m^2s，光照 12h）生长，收集生姜不同组织（根、地下茎、地上茎、叶）等样品保存后进行 RNA 提取。

1.2 生姜总 RNA 的提取

总 RNA 的提取根据 Trizol 试剂盒（Invitrogen，美国）说明书进行。取约 100 mg 生姜组织在预冷的研钵中，充分研磨后移至 1.5 mL EP 管中；加入 Trizol 试剂，震荡均匀后静置 5 min；4℃ 12 000 r/min 离心 15 min，上清液加入新的 EP 管中，加入 0.2 mL 氯仿，剧烈震荡后静置 3 min；离心 15 min（转速温度同上），收集水相，加入 0.5 mL 异丙醇，混匀后静置 10 min；离心 15 min，收集沉淀，加适量预冷的乙醇洗涤沉淀；离心 5 min，弃上清，室温晾干，向管中加入 80 μL 的 ddH_2O，溶解 RNA。进行电泳检测查看 RNA 完整性，最后，将提取后的总 RNA 按比例加入 RNase Inhibitor（RNases 抑制剂）溶液后放置于 -70℃冰箱中保存。

1.3 生姜第一链 cDNA 的合成

以提取的 RNA 为模板，利用 M-MLV 逆转录酶（Takara，大连）合成 cDNA 第一链。在 PCR 管中加入 5 μL 总 RNA、1 μL olig(dT)18 primer、6 μL RNase-free ddH_2O，共 12 μL，离心混匀；70℃水浴 5 min，冰上冷却；加入 5×reaction buffer 4 μL、20 U/ μL Ribolock™ RibonucRAP2se inhibitor 1 μL、10 mM dNTPs 2 μL，离心混匀，37℃水浴 5 min，冰上冷却，加入 200 U/ μL RevertAid™M-MLV reverse transcriptase 1 μL，42℃水浴 60 min，70℃水浴 10 min，冰上冷却。获得生姜第一链 cDNA。

1.4 *ZoRAP*2 基因的克隆

基于生姜转录组数据，用 DNAMAN 设计特异性引物（F：5'-AGGTTGATTTCGATCGTTTG-3'，R：5'-AGCTAGGAGCTTGCTGGATG-3'），以生姜地下块茎 cDNA 为模板，进行 PCR 扩增。PCR 反应体系为 25 μL：MgCl_2（25mmol/L）2μL，10×Buffer 2.5 μL，dNTP 2.5 μL，primer-F 和 primer-R 混合后取 1.5 μL，模板 cDNA 0.5 μL，*Kod* 聚合酶 0.5 μL，ddH_2O 16 μL。扩增条件为：94℃，2 min，进行 30 个循环 (94℃，20 s；51℃，20 s；72℃，1 min 30 s)，循环完成后，72 ℃延伸 5 min。1% 琼脂糖凝胶对 PCR 产物进行电泳检测，回收纯化后进行测序 [10]。

1.5 *ZoRAP*2 基因的生物信息学分析

使用 DNAMAN5.0 软件分析生姜 Zo*RAP2* 的分子量和等电点；利用 SMART，SignalP 4.1 服务器（http：//www.cbs.dtu.dk/services/SignalP/）分别对 Zo*RAP2* 的功能结构域和信号肽序列进行预测。

1.6 *ZoRAP*2 基因进化树的构建

为了解生姜和其他物种 *RAP2* 的进化关系，在 NCBI 网站上下载其他物种来源的 *RAP2* 序列，利用 MEGA 6.0 软件完成进化树的构建。

1.7 *ZoRAP*2 基因的表达差异

分别提取生姜成熟叶、成熟地上茎、地下茎（发育初期、发育期、成熟期）组织的总 RNA，根据 Illumina 公司的流程构建生姜 5 个 RNA-Seq 数据库，以 Bowtie 2.0 软件将每个 RNA-Seq 数据库中的 Reads 与 Zo*RAP2* 映射，映射到 Zo*RAP2* 序列的 Reads 数目可粗略反映不同组织样品的表达水平，采用 FPKM 算法对 Reads 数目进行标准化处理，得到 Zo*RAP2* 基因在生姜叶（成熟期）、地上茎（成熟期）、地下茎（发育初期、发育期、成熟期）5 个样品中的表达丰度。

2. 结果与分析

2.1 *ZoRAP*2 基因的克隆

基于生姜转录组数据库，设计特异性引物（F：5'-AGGTTGATTTCGATCGTTTG-3'，R：5'-AGCTA GGAGCTTGCTGGATG-3'）。进行 PCR 扩增，配制 1% 琼脂糖凝胶对产物进行检测，在 1 373 bp 处检测有一条条带（见图 3-2-1）。将该片段切胶回收，经过连接、转化以及重组体的筛选和鉴定后进行测序。测序结果显示，*ZoRAP2* 基因开放阅读框长度为 849 bp，编码 282 个氨基酸残基（见图 3-2-2）。

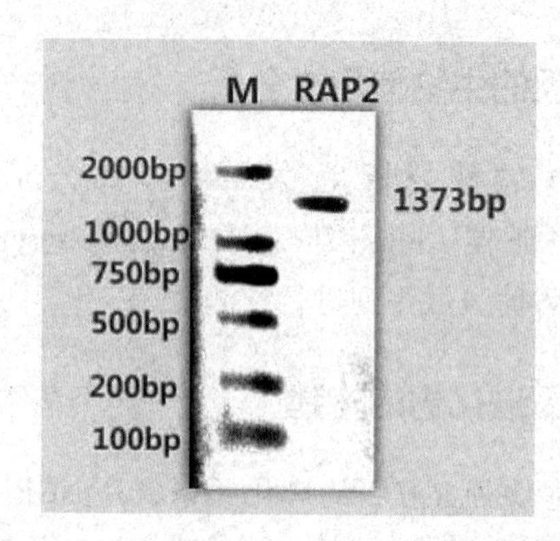

图 3-2-1 生姜 *ZoRAP*2 基因的 PCR 扩增

(M：BM 2000 Maker；RAP2 ：RAP2 基因)

Fig. 3-2-1 Amplification of RAP2 from ginger

(M：BM 2000 Maker；RAP2 ：RAP2 gene)

```
1    ATGGCGACAG CCATGGATTC GTACAGTAGT CTGCTAGTTT TCTCCTCCTC GGATTCATTG
1    M  A  T  A  M  D  S  Y  S  S  L  L  V  F  S  S  S  D  S  L
61   AGAGAAGAGG TTGGGCCTTC TATTGAAGCT TCTTCCTCCC CTGTTCCACT CTCCTCGAGT
21   R  E  E  V  G  P  S  I  E  A  S  S  S  P  V  P  L  S  S  S
121  TTCTCCTCCT TCTATCCTTC TCCAAACAGT AGTTTCGATC TGTCCATGCC TGTTGGATAC
41   F  S  S  F  Y  P  S  P  N  S  S  F  D  L  S  M  P  V  G  Y
181  GGCTCCGAGA TGGTTCCTCA AAACGCCAAC TCGGTCGAGT TAAATTACCT CTCCCCTGCT
61   G  S  E  M  V  P  Q  N  A  N  S  V  E  L  N  Y  L  S  P  A
241  CAAATCCACC AGATCCAGGC TCAATTCCAC CACGGGAACC AGAGGAATCC CCCGATCGCT
81   Q  I  H  Q  I  Q  A  Q  F  H  H  G  N  Q  R  N  P  P  I  A
301  CCCCAGCCAA AACCCATGAA GCGCGCGGCG TCGTCGCCGA AGCCTGCCAA GCTCTTCCGC
101  P  Q  P  K  P  M  K  R  A  A  S  S  P  K  P  A  K  L  F  R
361  GGGGTCAGGC AGCGGCACTG GGGCAAATGG GTGGCGGAGA TCCGCCTTCC CCGCAACCGC
121  G  V  R  Q  R  H  W  G  K  W  V  A  E  I  R  L  P  R  N  R
421  ACCCGCCTGT GGCTCGGCAC CTTCGACACA GCCGAGGAGG CTGCCTTGGC CTACGACAAG
141  T  R  L  W  L  G  T  F  D  T  A  E  E  A  A  L  A  Y  D  K
481  GCCGCGTTCA TGCTCCGCGG TGACGGTGCG AGACTCAACT TCCCGGAGTT TCGGCACGGC
161  A  A  F  M  L  R  G  D  G  A  R  L  N  F  P  E  F  R  H  G
541  GCGGTGCACC TGGGGCCGCC GCTGCACCCC GCGGTGGACG GCAAGCTCCA GGCCGTATGC
181  A  V  H  L  G  P  P  L  H  P  A  V  D  G  K  L  Q  A  V  C
601  CACACCCTGG GGATCTCCGG AAAGCAGGGG GCCACCCCGC CGTGCCCGGT GGCCAGTGAG
201  H  T  L  G  I  S  G  K  Q  G  A  T  P  P  C  P  V  A  S  E
661  GGTAGCACGG AGGACAGCAA GTCTGATTCC TCCTCATGGG CCGAGGAGGA GGAGGACTCG
221  G  S  T  E  D  S  K  S  D  S  S  S  W  A  E  E  E  E  D  S
721  TCAGCCGCCG AGCCGGCGAT GCAGCACTTG GACTTCACTG AGGCACCGTG GGACGAGTCG
241  S  A  A  E  P  A  M  Q  H  L  D  F  T  E  A  P  W  D  E  S
781  GAAACCTTTG TGCTGCGCAA GTATCCATCG TGGGAGATCG ACTGGGACTC CATTCTCTCT
261  E  T  F  V  L  R  K  Y  P  S  W  E  I  D  W  D  S  I  L  S
841  TCAGATTAG
281  SD*
```

图 3-2-2 生姜 *RAP*2 完整 ORF 及编码氨基酸序列

Fig.3-2-2 The deduced amino acid sequence of RAP2 from ginger

2.2 *ZoRAP*2 基因的生物信息学分析

使用 DNAMAN 5.0 推导出 ZoRAP2 蛋白质分子量为 30 910.9 Da，等电点为 5.16 。将 ZoRAP2 编码的氨基酸序列提交到 SignalP 4.1 服务器（http：//www.cbs.dtu.dk/services/SignalP/）进行信号肽预测，结果显示 Zo*RAP2* 不含信号肽，说明 ZoRAP2 蛋白不属于分泌蛋白，可能为胞内蛋白(见图 3-2-3)。

用 SMART 预测功能结构域，结果显示 Zo*RAP2* 含有四个 LCR 区域：LCR1（第 7~20 位）、LCR2(第 31~52 位）、LCR3(第 80~91 位）、LCR4(第 219~244 位），其中，在第三个 LCR 区域和第四个 LCR 区域之间存在一个 AP2 功能结构域（第 118~181 位）(见图 3-2-4)。

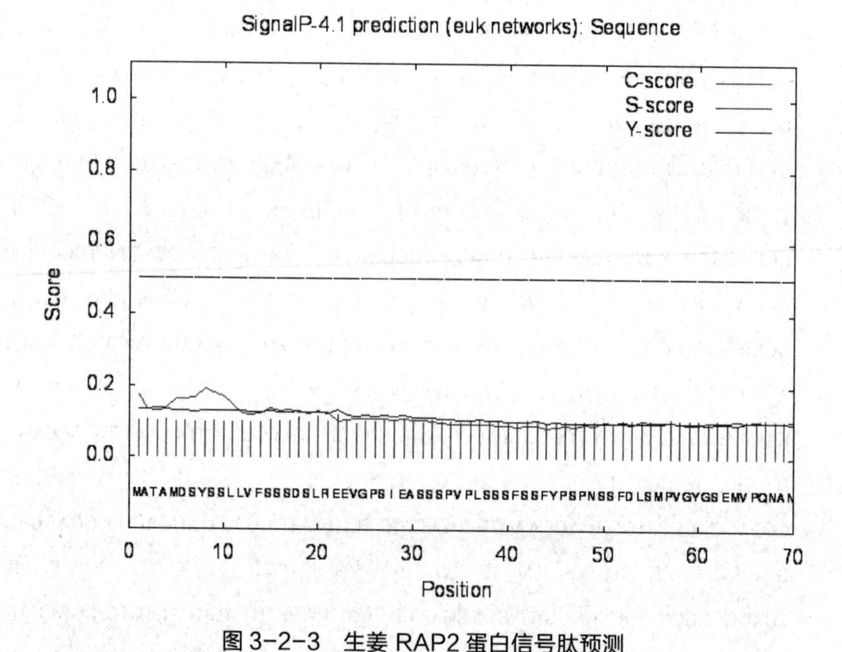

图 3-2-3 生姜 RAP2 蛋白信号肽预测

Fig.3-2-3 The Signal Peptide prediction of ginger RAP2 Protein

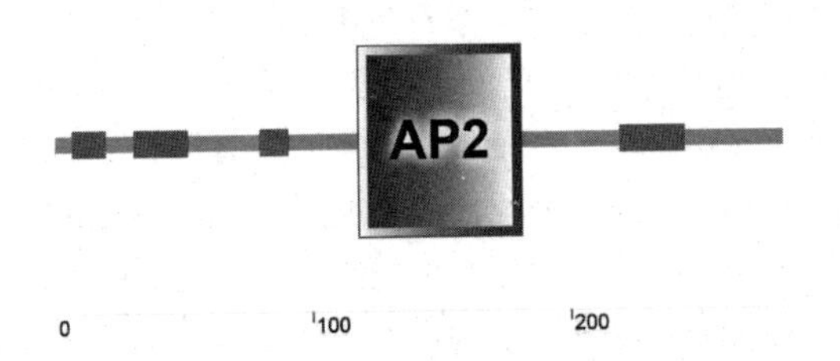

图 3-2-4　生姜 RAP2 的蛋白结构域

（数字表示氨基酸残基在 RAP2 蛋白中的位置）

Fig.3-2-4　Protein domains of ginger RAP2 protein

（Numbers indicated the amino acid position of each structure in RAP2 ）

2.3 *ZoRAP*2 基因的进化树构建

在 NCBI 上下载其他作物来源的 *RAP*2 氨基酸序列，同时运用 MEGA 4.0 软件构建系统进化树（见图 3-2-5）。结果表明，所选 RAP2 聚类为两大支，生姜与小果野蕉（*Musa acuminate*）聚类到一组，在进化上属于同一个分支，它们分属姜科和芭蕉科，但同属姜目，亲缘关系最近。

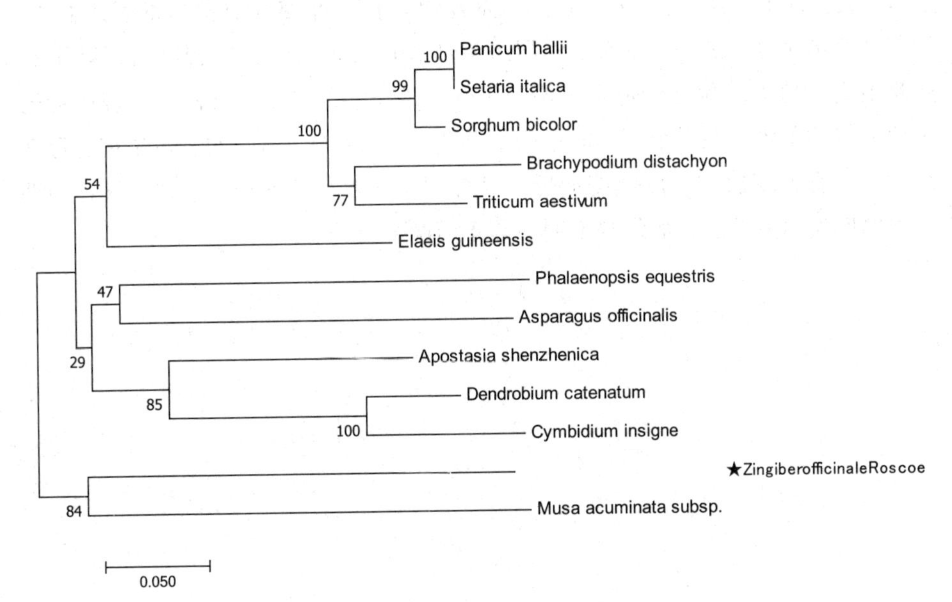

图 3-2-5　生姜 *RAP*2 与其他植物 *RAP*2 的系统进化分析

Fig.3-2-5　Phylogenetic analysis of RAP2 in ginger and other plant

系统进化树构建所用的物种及 GenBank 登录号：哈氏黍，PAN08282.1；小米，

XP_004953948.1；高粱 XP_002454259.1；二穗短柄草，XP_003570628.1；小麦，ABC74511.1；油棕，XP_010937498.1 ；桃红蝴蝶兰，XP_020585570.1 ；石刁柏，ABB89754.1 ；深圳拟兰，PKA60494.1；铁皮石斛，XP_020700534.1；美花兰，ABR53728.1；小果野芭蕉，XP_009380194.2。

The GenBank accession of the homolog sequences involved in the phylogenic tree are shown as fellows : Panicum hallii, PAN08282.1 ; Setaria italic, XP_004953948.1 ; Sorghum bicolor, XP_002454259.1 ; Brachypodium distachyon, XP_003570628.1 ; Triticum aestivum, ABC74511.1 ; Elaeis guineensis, XP_010937498.1 ; Phalaenopsis equestris, XP_020585570.1; Asparagus officinalis, ABB89754.1 ; Apostasia shenzhenica, PKA60494.1; Dendrobium catenatum, XP_020700534.1 ; Cymbidium insigne, ABR53728.1; Musa acuminata subsp, XP_009380194.2 .

2.4 *ZoRAP*2 基因的差异表达分析

采用数字表达谱分析法，提取生姜不同组织（成熟叶、成熟地上茎、发育初期地下茎、发育期地下茎、成熟地下茎）的总 RNA，构建 5 个生姜样本的 RNA-Seq 数据库，将数据库中的 Reads 与 *ZoRAP2* 映射，再对映射到 *RAP2* 序列的 Reads 数目进行标准化处理，得到 Zo*RAP2* 基因在生姜叶（成熟期）、地上茎（成熟期）、地下茎（发育初期、发育期、成熟期）5 个样品中的表达丰度。如图 3-2-6 所示，*RAP2* 在 5 个不同组织部位均有表达，且在相同时期叶中表达量最高，地下茎次之，地上茎最低（叶 > 地下茎 > 地上茎），叶的表达量约为地上茎的 1 倍。在三个不同时期的地下茎中，Zo*RAP2* 基因的表达量在发育期最高，发育初期次之，成熟期最低（发育期 > 发育初期 > 成熟期），发育初期和成熟期表达量相近，而发育期明显高于前两个时期。

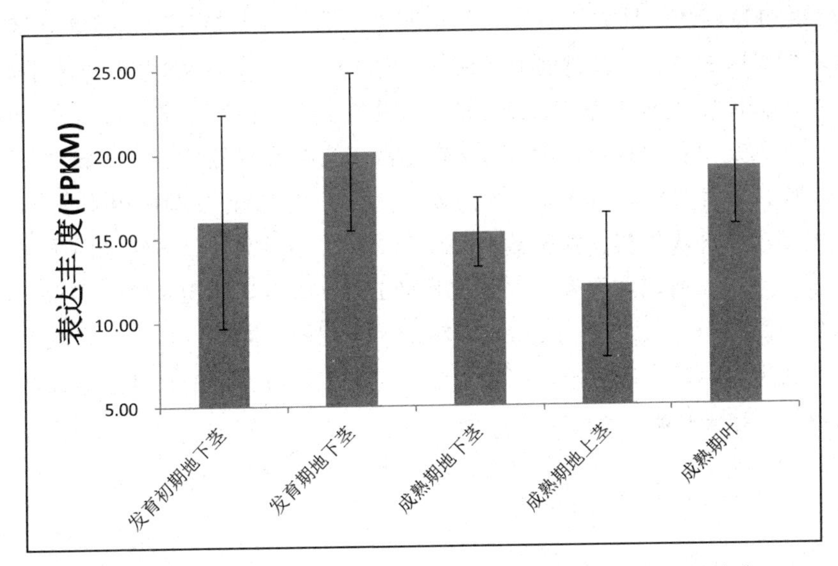

图 3-2-6　生姜 *RAP*2 基因在不同组织、不同发育阶段的表达丰度

Fig.3-2-6　Abundance of RAP2 Gene expression in different tissues and Development stages of Ginger

3. 讨论

RAP2 转录因子属于 *ERF* 转录因子。前人通过研究拟南芥、黄瓜、白杨、玉米等植物，发现 *RAP2* 转录因子在应答水淹、涝害胁迫等方面具重要作用。拟南芥 *RAP2* 与 *ERF1* 相近，*ERF1* 上游序列中含有响应生物胁迫与非生物胁迫的 RSRE 元件，该基因上游还含响应光、激素等的元件，表示明当植物受逆境胁迫时，可能通过感受逆境信号，启动 *RAP2* 等相关基因的表达来使植物适应所处逆境。黄瓜进行水淹处理后发现黄瓜根系中的一些响应因子（*RAP2*）表达显著增加，暗示 *RAP2* 在响应水淹胁迫中起一定作用。本研究从生姜块茎中克隆到了 *RAP2* 的 CDS 序列，经分析发现 *ZoRAP2* 基因开放阅读框长度为 849bp，编码 282 个氨基酸残基，含有一个保守的 AP2 结构域，与水稻、拟南芥、川桑 *RAP2* 的结构域相似，说明 *ZoRAP2* 属于 AP2 转录因子中的一员。

通过 Zo*RAP2* 基因的差异表达分析发现生姜 *RAP2* 在不同组织部位均有表达，且叶 > 地下茎（根）> 地上茎，前人研究发现，在油菜、湖桑不同组织中

*RAP*2 也均有表达，且表达丰度与生姜基本一致：叶 > 根 > 茎。推测 *RAP2* 在植物不同组织的生长发育过程中起到一定的作用，特别是叶的生长发育过程中。在三个不同时期的地下茎中，Zo*RAP2* 基因的表达量在发育期最高，发育初期次之，成熟期最低。这可能因 *RAP2* 转录因子直接参与乙烯信号转导途径调控乙烯反应，发育初期对乙烯的需求量较少，不需 *RAP2* 过多调控相关反应过程；在成熟期需要合成的相关物质基本已经合成，也不再需要过多转录因子来调控相关蛋白表达，所以在发育初期和成熟期 *RAP2* 的表达量相对较少。而发育期植物生长发育迅速，需要大量 *RAP2* 转录因子调控功能基因转录，合成有关蛋白，完成生命活动。通过本研究希望能为生姜等经济作物的长期贮藏保鲜过程提供分子生物学基础。

参考文献

[1] 胡炜彦，张荣平，唐丽萍，刘光生 . 姜化学和药理研究进展 [J]. 中国民族民间医药，2008, 17(9):10–14.

[2] 曹仪值，宋占午 . 植物生理学 [M]. 兰州大学出版社，1998, 33–37.

[3] 江大纯，江胜国，杨太明，岳西 . 高山区生姜立体栽培小气候效应分析 [J]. 安徽农业科学 ,2008, (36):15933–15935.

[4] 李强 . 两个水稻 CYP74 家族基因的克隆及其中 *HPL* 基因的遗传转化 [D]. 南京农业大学，2005, 7–65.

[5] 默韶京 . 长穗偃麦草中 AP2/EREBP 类转录因子基因的克隆与功能验证 [D]. 河北农业大学 ,2011.

[6] 张存立，郭红卫 . 乙烯信号转导通路研究 [J]. 自然杂志 ,2012,34(04):219–228.

[7] Qin QL, Lin JG, Zhang Z, et al. Isolation, optimization, and functional analysis of the cDNA encoding transcription factor Rdre BI in Oryza sativa L [J]. Mol Breeding, 2007,19 ： 329–340

[8] Pre M, Atallah M, Champion A, Vos MD, Pieterse CMJ, Memelink [J].(2008).The AP2/ERF domain transcription factor ORA 59 integrates jasmonic acid and ethylene signals in plant defense. Plant Physiol 147 ： 1347–1357.

[9] 钟曦 . 拟南芥转录因子 RAP2.4f 功能研究 [D]. 湖南大学 ,2016.

[10] 韦姣，吕志创，王韧，万方浩 . 温室粉虱和烟粉虱 3 个隐种中热激蛋白基因 hsp70 和 hsp90 含量的比较分析 [J]. 昆虫学报 ,2014,57(06):647–655.

[11] Bailey Serres J,Fukao T,Gibbs D J,et al. Making sense of low oxygen sensing[J]. Trends Plant Sci,2012,17(3):129–138.

[12] 卢汀 . 生物信息学基因表达差异分析 [J]. 生物信息学 ,2014,12(02):140–144.

[13] 张琛 . 生物信息学中的基因表达谱数据分析研究 [D]. 吉林大学 ,2008.

[14] 刘欣，李云 . 转录因子与植物抗逆性研究进展 [J]. 中国农学通报 ,2006,22（4）:61–65.

[15] Qi X H, Xu X W, Lin X J,et al. Identification of differentially expressed genes in cucumber (Cucumis sativus L.) root under waterlogging stress by digital gene expression profile[J]. Genomics .2012, 99(3): 160–168.

[16] 庄静 . 大白菜和甘蓝型油菜 AP2/ERF 家族转录因子的克隆与分析 [D]. 南京农业大学 ,2009.

[17] 宋鹏华 . 桑树Ⅶ ERF 基因生物信息学分析及表达研究 [D]. 西南大学 ,2013.